U0353154

电气自动化控制技术研究

DIANQI ZIDONGHUA KONGZHI JISHU YANJIU

连 晗／著

吉林科学技术出版社

图书在版编目（CIP）数据

电气自动化控制技术研究 / 连晗著 . -- 长春 : 吉
林科学技术出版社 , 2018.5（2024.1重印）
ISBN 978-7-5578-4361-8

Ⅰ . ①电… Ⅱ . ①连… Ⅲ . ①电气控制系统—研究
Ⅳ . ① TM921.5

中国版本图书馆 CIP 数据核字（2018）第 097441 号

电气自动化控制技术研究

著　　　连　晗
出 版 人　李　梁
责任编辑　孙　默
装帧设计　陈　磊
开　　本　850mm×1168mm　1/32
字　　数　140千字
印　　张　6.625
印　　数　1-3000册
版　　次　2019年5月第1版
印　　次　2024年1月第2次印刷

出　　版　吉林出版集团
　　　　　吉林科学技术出版社
发　　行　吉林科学技术出版社
地　　址　长春市人民大街4646号
邮　　编　130021
发行部电话/传真　0431-85635177　85651759　85651628
　　　　　　　　　　　85677817　85600611　85670016
储运部电话　0431-84612872
编辑部电话　0431-85635186
网　　址　www.jlstp.net
印　　刷　三河市天润建兴印务有限公司

书　　号　ISBN 978-7-5578-4361-8
定　　价　49.00元

作者简介

连晗出生于1980年9月12日，籍贯为河南南阳人。硕士，副教授职称。毕业于长春理工大学，现任职于河南工业职业技术学院，主要研究方向为电子、电气控制。

前　　言

随着我国经济水平的不断提高，科学技术水平也在不断发展，我们也已经进入了科技时代，电气工程及其自动化技术凭借其显著的发展优势逐渐融入人们的生活当中，许多行业的发展都已经无法离开电气工程及其自动化技术。同时，电气工程及其自动化属于一门综合性学科，主要建立在信息技术之上，在一定程度上带动了我国工业信息化的发展。

电气自动化控制技术是工业现代化的重要标志和现代先进科学的核心技术，是使产品的操作、控制和监视、能够在无人（或少人）直接参与的情况下，按预定的计划或程序自动进行的技术。其具有提高工作的可靠性、运行的经济性、劳动生产率，改善劳动条件等作用，把人从繁重的体力劳动、部分脑力劳动以及恶劣、危险的工作环境中解放出来，增强人类认识世界和改造世界的能力。

笔者在多年电气自动化教学中深感电气自动化控制技术的先进以及在各个领域广泛的应用，笔者依据多年来对本科生和研究生进行电气自动化教学及相关科研工作的实践经验，在征求了自动化专业相关教师和高年级学生及电气自动化技术人员意见的基础上，从工程实践和应用的角度出发，完成了本书的编写。

本书以电气自动化控制技术为核心，从工程和实际应用角度全面介绍了电气自动化控制技术相关知识，全书内容一共分为五章：第一章主要介绍了电气自动化控制技术的相关概念、发展史以及目前存在的不足；第二章详细介绍了电气自动化控制技术系统的特点、功能、设计理念；第三章详细介绍了可编程逻辑控制器，主要介绍了 PLC 的安装以及调试；第四章介绍了工业控制网络，重点介绍了现场总线以及控制区域网——CAN；第五章介绍了电气自动化控制技术在工业、电力系统以及楼宇控制系统的应用。

在本书编写的过程中，参阅了许多专家的教材、著作和论文，还得到国内外有关企业和同行的支持，在此一并表示由衷的感谢。

鉴于电气自动化控制技术发展迅速，作者时间和水平有限，书中难免存在内容、结构和文字表述等一些问题和不妥之处，敬请同行专家和广大读者批评指正，谢谢！

作者

2018 年 3 月

Contents

第一章 电气自动化控制技术概述

第一节 电气自动化控制技术的基本概念

一、电气自动化控制技术概述

电气自动化是一门研究与电气工程相关的科学，我国的电气自动化控制系统经历了几十年的发展，分布式控制系统相对于早期的集中式控制系统具有可靠、实时、可扩充的特点，集成化的控制系统则更多地利用了新科学技术的发展，功能更为完备。电气自动化控制系统的功能主要有：控制和操作发电机组，实现对电源系统的监控，对高压变压器、高低压厂用电源、励磁系统等进行操控。电气自动化控制技术系统可以分为三大类：定值、随动、程序控制系统，大部分电气自动化控制系统是采用程序控制以及采集系统。电气自动化控制系统对信息采集具有快速准确的要求，同时对设备的自动保护装置的可靠性以及抗干扰性要求很高，电气自动化具有优化供电设计、提高设备运行与利用率、促进电力资源合理利用的优点。

电气自动化控制技术是由网络通信技术、计算机技术以及电子技术高度集成，所以该项技术的技术覆盖面积相对较广，同时也对其核心技术——电子技术有着很大的依赖性，只有基于多种先进技术才能使其形成功能丰富、运行稳定的电气自动化控制系统，并将电气自动化控制系统与工业生产工艺设备结合后来实现生产自动化。电气自动化控制技术在应用中具有更高的精确性，并且其具有信号传输快、反应速度快等特点，如果电气自动化控制系统在运行阶段的控制对象较少且设备配合度高，则整个工业生产工艺的自动化程度便相对较高，这也意味着该种工艺下的产品质量可以提升至一个新的水平。现阶段基于互联网技术和电子计算机技术而成的电气自动化控制系统，可以实现对工业自动化产线的远程监控，通过中心控制室来实现对每一条自动化产线运行状态的监控，并且根据工业生产要求随时对其生产参数进行调整。

电气自动化控制技术是由多种技术共同组成的，其主要以计算机技术、网络技术和电子技术为基础，并将这 3 种技术高度集成于一身，所以，电气自动化控制技术需要很多技术的支持，尤其是对这 3 种主要技术有着很强的依赖性。电气自动化技术充分结合各项技术的优势，使电气自动化控制系统具有更多功能，更好地服务于社会大众。应用多领域的科学技术研发出的电气自动化控制系统，可以和很多设备产生联系，从而控制这些设备的工作过程，在实际应用中，电气自动化控制技术反应迅速，而且控制精度强。电气自动化控制系，只需要负责控制相对较少的设备与仪器时，这个生产链便具有较高的自动化程度，而且生产出的商品或者产品，质量也会有所提高。在新时期，电气自动化控制技术充分利用了计算机技术以及互联网技术的优势，还可以对整个工业生产工艺的流程进行监控，按照实际生产需要及时调整生产线数据，来满足实际的需求。

二、电气工程自动化控制技术的要点分析

(一) 自动化体系的构建

自动化系统的建设对于电气工程未来的发展来说非常必要。我国电气工程自动化控制技术研发已知的所有时间并不短，但实际使用时间不长，目前的技术水平还比较低，加之环境人数、人为因素、资金因素等多种因素的影响，使得我国的电气自动化建设更为复杂，对电气工程的影响不小。因此，需要建立一个具有中国特色的电气自动化体系，在保障排除影响因素，降低建设成本的情况下，还要提高工程的建设水准。另外，也要有先进的管理模式，以保证自动化系统的有效发展，通过有效的管理，保证在构建自动化体系的过程中，不至于存在滥竽充数的情况。

(二) 实现数据传输接口的标准化

建立标准化的数据传输接口，以保证电气工程及其自动化系统的安全，是实现高效数据传输的必然因素。由于受到各种因素的干扰，在系统设计与控制过程中有可能出现一些漏洞，这也是电气工程自动化水平不高的另一重要原因，所以相关人员应保持积极的学习态度，学习国外先进的设计方案和控制技术，善于借鉴国外的设计方案，实现数据传输接口的标准化，以确保在使用过程中，程序界面可以完美对接，提高系统的开发效率，节省成本和时间。

(三)建立专业的技术团队

电气工程操作过程中,很多问题都是由人员素质低造成的,目前,许多企业员工技术水平不高,埋下了隐患,在设备设计和安装过程中,存在很多的不安全因素,增加了设备损坏的概率,甚至可能导致严重故障和安全事故。所以,企业在管理过程中,一方面,要以一定的方式,加大对现有人员的专业技术水平培训力度,如职前培训;另一方面也可以招收高质量、高水平的人才,为电气工程自动化控制技术提供可靠的保障,将人为因素导致的电气故障率降到最低。

(四)计算机技术的充分应用

当今社会已经是网络化的时代,计算机技术的发展对各行各业都有着非常重要的影响,为人们的生活带来了极大的方便。如果在电气工程自动化控制中融入计算机技术,就可以推动电气工程向智能化方向发展,促进集成化和系统化电气工程的实现。特别是在自动控制技术中的数据分析和处理上,可以起到巨大的作用,大大节省了人力,提高了工作效率,可以实现工业生产自动化,也大大提高了控制精度。

三、电气自动化控制技术基本原理

电气自动化控制技术的基础是对其控制系统设计的进一步完善,主要设计思路是集中于监控方式,包括远程监控和现场总线监控两种。在电气自动化控制系统的设计中,计算机系统的核心,其主要作用是对所有信息进行动态协调,并实现相关数据储存和分析的功能。计算机系统是整个电气自动化控制系统运行的基础。在实际运行中，计算机主要完成数据输入与输出数据的工作，并对所有数据进行分析处理。通过计算机快速完成对大量数据的一系列处理操作从而达到控制系统的目的。

在电气自动化控制系统中，启用方式是非常多的，当电气自动化控制系统功率较小时，可以采用直接启用的方式实现系统运行，而在大功率的电气自动化控制系统中，要实现系统的启用，必须采用星型或者三角型的启用方式。除了以上两种较为常见的控制方式以外，变频调速也作为一种控制方式并在一定范围内应用，从整体上说，无论何种控制方式，其最终目的都是保障生产设备安全稳定的运行。

电气自动化系统是将发电机、变压器组以及厂用电源等不同的电气系统的控制纳入 ECS 监控范围，形成 220kV/500kV 的发变组断路器出口，实现对不同设备的操作和开关控制，电气自动化系统在调控系统的同时也能对其保护程序加以控制，包括励磁变压器、发电组和厂高变。其中变组断路器出口用于控制自动化开关，除了自动控制，还支持对系统的手动操作控制。

一般集中监控方式不对控制站的防护配置提出过高要求，因此系统设计较为容易，设计方法相对简单，方便操作人员对系统的运行维护。集中监控是将系统中的各个功能集中到同一处理器，然后对其进行处理，因为内容比较多，处理速度较慢，这就使得系统主机冗余降低、电缆的数量相对增加，在一定程度增加了投资成本，与此同时，长距离电缆容易对计算机引入干扰因素，这对系统安全造成了威胁，影响了整个系统的可靠性。集中监控方式不仅增加了维护量，而且有着复杂化的接线系统，这提高了操作失误的发生概率。

远程控制方式是实现需要管理人员在不同地点通过互联网联通需要被控制的计算机。这种监控方式不需要使用长距离电缆，降低了安装费用，节约了投资成本，然而这种方式的可靠性较差，远程控制系统的局限性使得它只能在小范围内适用，无法实现全厂电气自动化系统的整体构建。

四、电气自动化控制技术现存的缺点

相对于之前的电气工程技术来说，电气自动化技术有很大的突破，能够提高电气工程工作的效率和质量，增加了工作的精确性和安全性，在发生故障时可以立刻发出报警信号，并可以自动切断线路，所以电气自动化技术能够保证电网的安全性、稳定性以及可信赖性。电气自动化技术，因为是自动化，所以相对于之前的人工操作来说，大大节约了劳动力资本，也减轻了施工人员的工作任务量。而且，电气工程之中安装了 GPS 技术，能够准确地找到故障所在处，很好地保护了电气系统，减少了损失。优点还有很多，但仍不能忽视其缺点的存在。

1.能源消耗现象严重

众所周知电气工程是一项特别耗费能源的技术工程，因为没有能源的支撑就无法施展电气工程。但是在现代生活中能源的利用率较低，这严重阻碍了电气工程的长效发展，所以电气工程必须提升能源的利用率才能在节能的基础上保障电气自动化技术的发展。综观现在的工业企业在节约能源方面还存在欠缺，不论是设计还是技能方面都缺少节能意识。

这是工程设计师亟待解决的问题。

2.质量存在隐患

目前有不少企业都存在这样一个误区，即重视生产结果而忽视质量的好坏。究其原因也与我国电气自动化起步晚有关，因为不论是管理机制还是发展模式都不够健全，也使得电气行业发展停滞。现在随着人们安全意识的逐步提升，质量安全的关注又成为了焦点，对于一个企业来说，质量的优劣关乎其生存淘汰，尤其是质量安全事故频发的工业企业，设备的质量以及安全性对于企业的发展都起到至关重要的作用。

3.工作效率偏低

生产力发展决定了企业生产的效率，生产力发展的水平对企业效益的影响是非常重要的。我国电气工程以及自动化技术在改革开放以来取得了非常优异的成绩，当然工作效率较低也是不可疏忽的。工作效益的偏低主要因素来源于三个方面：生产力水平、使用方法以及应用范围。企业在电气工程自动化技术方面是否能够熟练操作直接影响到企业经济效益以及企业是否能长久地发展下去。

4.尚未形成电气工程网络构架的统一标准

从目前的发展情况来看，电气工程与自动化技术二者实现高度融合已经是大势所趋，一旦有所突破将直接提升工业的生产效率以及精准度，但想要得到进一步的发展，还需要先建立统一的网络架构，由于不同企业之间存在很大的差异，并且各个生产厂家在生产硬软件设备时未进行规范性的程序接口，导致很多信息数据不能共享，这也会为电气工程自动化技术的发展带来一定的负面影响，最终严重影响了电气工程及其自动化作用的发挥。

五、加强电气自动化控制技术的建议

1.电气自动化控制技术与地球数字化互相结合的设想

电气自动化工程与信息技术很好结合的典型的表现方法就是地球数字化技术，这项技术中包含了自动化的创新经验，可以把大量的、高分辨率的、动态表现的、多维空间的和地球相关的数据信息融合成为一个整体，成为坐标，最终成为一个电气自动化数字地球。将整理出的各种信息全部放入计算机中，与网络互相结合，人们不管在任何地方，只要根据整理出的地球地理坐标，便可以知道地球任何地方关于电气自动化的数据信息。

2.现场总线技术的创新使用，可以节省大量的电气自动化成本

电气自动化工程控制系统中大量运用了现场总线与以以太网为主的计算机网络技术，经过了系统运行经验的逐渐积累，电气设备的自动智能化也飞速地发展起来，在这些条件的共同作用下，网络技术被广泛地运用到了电气自动化技术中，所以现场的总线技术也由此产生。这个系统在电气自动化工程控制系统设计过程中更加凸显其目的性，为企业最底层的设施之间提供了通信渠道，有效地将设施的顶层信息与生产的信息结合在一起。针对不一样的间隔会发挥不一样的作用，根据这个特点可以对不一样的间隔状况分别实行设计。现场总线的技术普遍运用在了企业的底层，初步实现了管理部门到自动化部门存取数据的目标，同时也符合了网络服务于工业的要求。DCS进行比较，可以节约安装资金、节省材料、可靠性能比较高，同时节约了大部分的控制电缆，最终

实现节约成本的目的。

3.加强电气自动化企业与相关专业院校之间的合作

首先，鼓励企业到电气自动化专业的学校中去设立厂区、建立车间，进行职业技能培训、技术生产等，建立多种功能汇集在一起的学习形式的生产试验培训基地。走入企业进行教学，积极建设校外的培训基地，将实践能力和岗位实习充分结合在一起。扩展学校与企业结合的深广程度，努力培养订单式人才。按照企业的职业能力需求，制定出学校与企业共同研究培养人才的教学方案，以及相关的理论知识的学习指导。

4.改革电气自动化专业的培训体系

第一，在教学专业团队的协调组织下，对市场需求中的电气自动化系统的岗位群体进行科学研究，总结这些岗位群体需要具有的理论知识和技术能力。学校组织优秀的专业的教师根据这些岗位群体反映的特点，制订与之相关的教学课程，这就是以工作岗位为基础形成的更加专业化的课程模式。

第二，将教授、学习、实践这三方面有机地结合起来，把真实的生产任务当作对象，重点强调实践的能力，对课程学习内容进行优化处理，专业学习中至少一半的学习内容要在实训企业中进行。教师在教学过程中，利用行动组织教学，让学生更加深刻地理解将来的工作程序。

随着经济全球化的不断发展和深入，电气自动化工程控制系统在我国社会经济发展中占有越来越重要的地位。本章介绍了电气自动化工程控制系统的现状，电气自动化工程控制系统信息技术的集成化，使电气自动化工程控制系统维护工作变得更加简便，同时还总结了一些电气自动化系统的缺点，并根据这些缺点提出了使用现场总线的方法，不仅节省了资金和材料，还提高了可靠性。根据电气自动化系统现状分析了其发展趋势，电气自动化工程控制系统要想长远发展下去就要不断地创新，将电气自动化系统进行统一化管理，并且要采用标准化接口，还要不断进行电气自动化系统的市场产业化分析，保证安全地进行电气自动化工程生产，保证这些条件都合格时还要注重加强电气自动化系统设备操控人员的教育和培训。此外，电气自动化专业人才的培养应该从学生时代开始，要加强校企之间的合作，使员工在校期间就能掌握良好的职业技能，只有这样的人才能为电气自动化工程所用，才能利用所学的知识更好地促进电气自动化行业的发展壮大，为社会主义市场经济的建设添砖加瓦。

第二节　电气自动化控制技术的发展

一、电气自动化控制技术的发展历程

信息时代的快速发展，让信息技术的运用更加方便快捷。信息技术逐步渗透到电气自动化控制技术中，达到电气自动化系统的信息化。在此过程中，管理层被信息技术渗透，来提高业务处理和信息处理的效率。确保电气自动化控制技术实现全方位的监控，提高生产信息的真实性。同时，在这种渗透作用下，确保了设备和有效控制系统，强大通信能力，推广网络多媒体技术。

电气自动化属于中国工业化之中不可或缺的内容，由于它有先进技术来指导，所以中国的电气自动化技术的进步是非常快的，早已渗透到社会生产中的各个行业。但目前我国给予电气自动化的重视程度以及投入还是远远不够的，中国电气自动化的发展还处于缓慢阶段，而且目前我国电气自动化技术还有许多问题需要解决。由于电气自动化技术已经广泛应用在我们的生活和生产之中，因此人们对电气自动化技术也有了更高要求，电气自动化技术发展已经迫在眉睫。

电气自动化控制技术发展的历史也比较久远，电气自动化控制技术的发展起源可追溯到 20 世纪 50 年代。早在 50 年代，电机电力技术产品应运而生，当时的自动化控制主要为机械控制，还未实现电气自动化控制的实质，第一次产生了"自动化"这个名词，于是电气自动化技术就从无到有为后期的电气自动化控制研究提供了基本思路和方向。进入到 80 年代，计算机网络技术的迅速崛起与发展，网络技术基本成熟，这一时期形成了计算机管理下的局部电气自动化控制方式，其应用范围较小，对于系统的复杂程度也有一定要求，如电网系统过于复杂，易出现各类系统故障，但不可否认，这一阶段促进了电气自动化控制技术的基本体系与基础结构的形成。进入新时期，高速网络技术、计算机处理能力、人工智能技术的逐步发展和成熟，促进了电气自动化控制技术在电力系统中的应用，电气自动化控制技术真正形成，其以远程遥感、远距离监控、集成控制为主要技术，电气自动化控制技术的基础也因此形成。且随着时代的不断发展，电气自动化控制技术日臻完善，电力系统逐步走向网络智能化、功能化和自动化。随着信息技术的发展，网络技术的发展，电子技术、智能控制技术等都得到快速发展，因此，电气自动化技术也适应社会经济发展的时代的要求，得到快速发展，且逐渐成熟至今。同时，为了适应社会发展的需求，主要院校开始建立了电气自动化专业，并培养了一批优秀的技术人员，随着电气自动化技术应用越来越广泛，在企业、医学、交通、航空等各方面都得到广泛应用与发展，这样一来，普通的高等院校、职业技术学院、大专院校等都建立了自动化控制技术专业。可以这样说，电气自动化控制技术在我国经济发展过程中占据着越来越重要的作用。

在过去，由于技术的不成熟，人员水平也参差不齐，所以电气自动化控制技术的发展十分曲折与漫长。但现在，要吸取经验，充分认识其发展的重要性，适应时代发展的步伐，结合信息技术与生产、工业等应用的特点，有目的改进电气自动化控制技术，通过这些技术发展，不断地总结经验，吸取教训，以使得此技术得到进一步的发展。

现如今，我国工业化技术水平越来越高，电气自动化控制技术已在各企业得到广泛的应用，尤其对于新兴企业，电气自动化控制技术成为现代企业发展的核心技术。越来越多的企业使用机器设备来代替劳动生产力，节约了人工成本，提高了工作效率，同时也提高了操作的可靠性。电气自动化控制技术已成为现代化企业发展的重要标志，自动化设备的使用改善了劳动条件，降低了劳动强度，很多的重体力劳动都通过机器设备的使用得到了实现。为了顺应时代的发展，很多高等院校也开设了电气自动化控制技术专业，学习此专业已成为一种时尚，更重要的一点是，此专业的知识与社会的发展相适应，也能用于人们的日常生活中，给生活和生产都带来便利，这种技术发展迅速，技术相对成熟，广泛应用于高新技术行业，推动着整个经济社会的快速发展。电气自动化控制技术的应用也十分广泛，在工业、农业、国防等领域都得到应用与发展。电气自动化控制技术的发展，对整个社会经济发展有着十分重要的意义。电气自动化控制技术的发展能够提升城市品位和城市居民生活质量，是适应人们日益增长的物质生活条件的必然产物。

二、电气自动化控制技术的发展特点

电气自动化系统是适应未来社会的发展而出现的，新时期生产发展属于它的特点，可以促进经济发展，属于现代化所需要的系统。当今的企业之中，有许许多多的用电设施，不仅其工作量巨大，并且其过程也是十分的复杂，一般电气设施的工作周期都是很久，能够维持在一个月至数个月。而且，电气设施工作的速度还是挺快的，必须有比较高的装置来确保电气设施允许的稳定安全。结合电气设施所具有的特点，电气自动化系统和电气设施之间可以进行融合，管理的企业厂房效果会非常好。而且，企业运用了电气自动化平台以后，其电气设施的工作效率也相应高。尽管电气自动化系统的优越性有很多，但现今的电气自动化系统研究还不是很成熟，还具有许多的问题，还应对其进行完善。所以加强电气自动化方面的研究，给予电气自动化足够的重视，提高劳动的生产率。

(一) 电气自动化信息集成技术应用

信息集成技术应用于电气自动化技术里面主要是在两个方面：第一个方面是，信息集成技术应用在电气自动化的管理之中。如今，电气自动化技术不只是在企业的生产的过程得到应用，在进行企业生产管理的时候也会应用到。采用信息集成技术进行管理企业管理生产运营记录的所有数据，并对其进行有效的应用。集成信息技术能够对生产过程所产生的数据有效地进行采取、存储、分析等。第二个方面是，可以利用信息集成技术有效地管理电气自动化设备，而且通过对信息技术的利用，使设备自动化提高，它的生产效率也会提高。

(二) 电气自动化系统检修便捷

如今，很多的行业都采用了电气自动化设备，尽管它的种类很多，但应用系统还是比较统一的，现今主要用的电气自动化系统是 Windows NT 以及 IE，形成了标准的平台。而且也应用到 PLC 控制系统，进行管理电气自动化系统的时候，其操作是比较简便的，非常适用在生产活动当中。通过 PLC 系统和电气自动化系统两者的结合，使得电气自动化智能水平提高了许多，其操作界面也走向人性化，若是系统出现问题则可在操纵过程中及时发现，还有自动回复功能，大大减轻了相应的检修和维护的工作，可避免设备故障而影响到生产，并且电气自动化设备应用效率也会提高。

(三) 电气自动化分布控制技术的广泛应用

电气自动化技术的功能非常多，而且它的系统分成很多部分。一般控制系统主要分为两种：

1. 设备的总控制部分，通过相应的计算机信息技术实行控制整个电气自动化设备。

2. 电气设备运行状况监督与控制部分，这属于总控制系统的一个分支，靠它来完成电气自动化系统的正常运行。总控制和分支控制两者的系统主要是通过线路串联，总控制系统能够有效进行控制得同时，分支控制系统也能够把收集的信息传递于总控制系统，可以有效地对生产进行调整，确保生产可以顺利地进行。

三、电气自动化控制技术的发展现状

我国在现阶段的建设中，针对技术的关注度较高，希望应用系列的自动化技术将众多的工作任务更好地完成，减少以往的缺失与不足。电气自动化的开发和利用，将社会上的很多工作都进行了全面的改善处理。一般而言，电气自动化的落实以后，可以在无人看管的情况下完成生产、监督、问题处理等，更大程度地减少了劳动力，对国家的发展而言产生了很大的积极作用。与此同时，我们不可以仅仅在当下的工作上有所成就，还必须从长远的角度来出发，确保电气自动化的发展方向更加多元化。

(一) 平台开放式发展

OPC (OLE for Process Control) 技术的出现，IEC61131 的颁布，以及 Microsoft 的 Windows 平台的广泛应用，使得未来的电气自动化控制技术相结合，计算机对于促进这些发挥着至关重要的作用。

EC61131 标准使得编程接口标准化。目前，世界上有 2000 多家 PLC 厂商，近 400 种 PLC 产品，虽然不同产品的编程语言和表达方式各不相同，但是 IEC61131 使得各控制系统厂商的产品的编程接口标准化。IEC61131 同时定义了它们的语法和语义。这就意味着不会有其他的非标准的语言出现。IEC61131 已经成为一个国际化的标准，正被各大控制系统厂商广泛的接受。

Windows 正成为事实上的工控标准平台。微软的技术如 Windows NT、Windows CE 和 Internet Explore 已经正在成为工业控制的标准平台、语言和规范。PC 和网络技术已经在商业和企业管理中得到广泛的应用。在电气自动化领域，基于 PC 的人机界面已经成为主流，基于 PC 的控制系统由于其灵活性和易于集成的特点正在被更多的用户所使用。在控制层采用 Windows 作为操作系统平台有很多好处，例如易于使用、维护并且可以与办公平台进行简单的集成。

（二）现场总线和分布式控制系统的应用现场总线（Profibus、FF、Interbus 等）

现场总线是一种串行的数字式、通信总线，双向传输的分支结构的通信总线，可以连接智能设备和自动化系统。它通过一根串行电缆将位于中央控制室内的工业计算机、监视 / 控制软件和 PLC 的 CPU 与位于现场的远程 I/O 站、变频器、智能仪表、马达启动器、低压断路器等设备连接起来，并将这些现场设备的大量信息采集到中央控制器上来。分布式控制意味着 PLC、I/O 模块和现场设备通过总线连接起来，并将输入 / 输出模块转换成现场检测器和执行器。

（三）IT 技术与电气工业自动化

PC、客户机 / 服务器体系结构、以太网和 Internet 技术引发了电气自动化的一次又一次革命。正是市场的需求驱动着自动化和 IT 平台的融合，电子商务的普及将加速着这一过程。信息技术对工业世界的渗透主要来自两个方向：一个是从管理层纵向的渗透。企业的业务数据处理系统要对当前生产过程的数据进行实时的存取。另一个是信息技术横向扩展到自动化的设备、机器和系统中。信息技术已渗透到产品的所有层面，不仅包括传感器和执行器，而且还包括控制器和仪表。Internet/Intranet 技术和多媒体技术在自动化领域也有着良好的应用前景。企业的管理层利用标准的浏览器可以实现存取企业的财务、人事等管理数据的功能，也可以对当前生产过程的动态画面进行监控，在第一时间了解最全面和准确的生产信息。虚拟现实技术和视频处理技术的应用，将对未来的自动化产品，如人机界面和设备维护系统的设计产生深远的影响。信息技术革命的原动力是微电子和微处理器的发展。随着微电子和微处理器技术应用的普及，原本定义明确的设备界限，如 PLC、控制设备和控制系统逐渐变得模糊了。相对应的软件结构、通信能力及易于使用和统一的组态环境逐渐变得重要了，软件的重要性也在不断提高。

(四) 信息集成化发展

电气自动化控制系统的信息集成化主要有两个方面的发展：

①管理层次方面，表现在对企业中的各项资金以及人力物力的合理配置上，及时地了解各个部门的工作进度。这对于企业的管理者是非常重要的，能够帮助他们实现高效管理，而且在发生重大事情时及时做出相应决策。

②电气自动化控制技术的信息集成化发展，主要表现在

研发先进设施和对所控制机器的改良方面。先进的技术使得企业生产的产品能够很快得到社会的认可。技术方面的拓展延伸表现在引入新兴的微电子处理技术，这使得技术与软件匹配并和谐统一。

（五）电气自动化工程中的分散控制系统

分散控制系统的基础是以微处理机，加上微机分散控制，融合了先进的 CRT 技术、计算机技术和通信技术，是新型的计算机控制系统。生产过程中，它利用多台计算机来控制各个回路，这个控制系统的技术的优势在于能够集中获取数据，并且同时对这些数据进行集中管理和实施重点监控，当前计算机和信息技术飞速发展，分散控制系统的特点变得网络化和多元化，并且不同型号的分散系统可以同时并入连接相互进行信息数据的交换，然后将不同分散系统的数据经过汇总后再并入互联网，与企业的管理系统连接起来。DCS 的系统控制功能可以分散开，在不同的计算机上设置系统结构采取的是容错设计，将来即使出现计算机瘫痪故障，也不会影响到整个系统的正常运行。如果采用特定的软件和专用的计算机，将更能提高电气自动化控制系统的稳定性。

四、电气自动化控制技术的发展趋势

电气自动化控制技术的发展趋势应该是分布式、开放化和信息化。分布式的结构是一种能确保网络中每个智能的模块能够独立的工作的网络，达到系统危险分散的概念；开放化则是系统结构具有与外界的借口，实现系统与外界网络的连接；信息化则是使系统信息能够进行综合处理能力，与网络技术结合实现网络自动化和管控一体化。在开创"电气自动化"新局面的时候，要牢牢地把握从"中国制造""中国创造"的转变。在保持产品价格竞争力的同时，中国企业需要寻找一条更为健康的发展道路，"电气自动化"企业要不断吸收高新技术的营养，才能为开创"电气自动化"的新局面增添动力。要全面把握"科学发展观"的基本内涵和精神实质，结合本地区、本部门、本行业的客观实际，按照"以人为本、全面协调可持续发展的要求"，认真寻找差距，总结经验教训，转变发展观念，调整发展思路，切实把思想和行动统一到"科学发展观"的要求上来，把"科学发展观"贯彻到改革开放和我国"电气自动化"进一步实现现代化、国际化和全球化的过程上来。

（一）不断提高自主创新能力（智能化）

电气自动化控制技术正在向智能化方向发展。随着人工智能的出现，电气自动化控制技术有了新的应用。现在很多生产企业都已经应用了电气自动化控制技术，减少了用工人数，但是，在自动化生产线运行过程中，还要通过工人来控制生产过程。结合人工智能研发出的电气自动化控制系统，可以再次降低企业对员工的需要，提高生产效率，解放劳动力。

在市场中，电气自动化产品占的份额非常大，大部分企业选用电气自动化产品。所以电气自动化的生产商想要获得更大的利益，就要对电气自动化产品进行改进，实行技术创新。对企业来说，加大对产品的重视度是非常有必要的，要不断提高企业的创新能力，进行自主研发，时时进行电气自动化开发。而且，做好电气自动化系统维护对电气自动化产品生产来说有极大的作用，这就要求生产企业将系统维护工作做好。

(二) 电气自动化企业加大人才要求 (专业化)

随着电气行业的发展，我国也逐渐加大了对电气行业方面的重视，要求的电气企业员工综合素质也越来越高。而且企业想让自己的竞争力变强，就要要求员工具备的技能提高。所以，企业要经常对员工进行电气自动化专业培养，重点是专业技术的培养，实现员工技能与企业同步。但目前在我国，电气自动化专业人才存在面临就业问题，国家也因此进行了一些整改，拓宽它的领域。尽管如此，但电气行业还是发展快速，人才需求量还有很大的缺口。所以高等院校要加大电气专业的培养以及发展，以填补市场上专业性人才的缺口。

针对自动化控制系统的安装和设计过程，时常对技术员工进行培训，提高了技术人员的素质，扩大培训规模也会让维修人员的操作技术变得更加成熟和完善，自动化控制系统朝着专业化的方向大踏步前进。随着不断增多的技术培训，实际操作系统的工作人员也必将得到很大的帮助，培训流程的严格化、专业化，提高了他们的维修和养护技术，同时也加快了他们今后排除故障、查明原因的速度。

(三) 逐渐统一电气自动化的平台 (集成化)

电气自动化控制技术除了向智能化方向发展外，还会向高度集成化的方向发展。近年来，全球范围内的科技水平都在迅速提高，使得很多新的科学技术不断地与电气自动化控制技术结合，为电气自动化控制技术的创新和发展提供了条件。未来电气自动化控制技术必将集成更多的科学技术，使电气自动化控制系统功能更丰富，安全性更高，适用范围更广。同时，还可以大大减小设备的占地面积，提高生产效率，降低企业生产成本。

推进控制系统一致性标志着控制系统的发展改革，一致性对自动化制造业有极大的促进作用，会缩短生产周期。并且统一养护和维修等各个生产环节，时刻立足于客观现实需要，有助于实现控制系统的独立化发展。将来，企业对系统的开发都将使用统一化，在进行生产的过程中每个阶段都进行统一化，能够减少生产时间，其生产的成本也得到降低，将劳动力的生产率进行提高。为了让平台能够统一化发展，企业需要根据客户的需求，进行开发时采用统一的代码。

(四) 电气自动化技术层次的突破 (创新化)

虽然现在我国的电气自动化水平提高的速度很快，但还远远比不上发达国家，我国该系统依然处在未成熟的阶段，依然还存在一些问题，包括信息不可以相互共享，致使该系统本有的功能不能被发挥出来。在电气自动化的企业当中，数据的共享需要网络来实现，然而我国企业的网络环境还不完善。不仅如此，共享的数据量很大，若没有网络来支持，而数据库出现事故时，就会致使系统平台停止运转。为了避免这种情况发生，加大网络的支持力度尤为重要。随着电力领域技术的不断进步，电气工程也在迅猛发展，技术环境日益开放，在接口方面自动化控制系统朝着标准化飞速前进，标准化进程对企业之间的信息沟通交流有极大的促进作用，方便不同的企业进行信息数据的交换活动，能够克服通信方面出现的一些障碍问题还有，由于科学技术得到较快发展，也将电气技术带动起来，目前我国电气自动化生产已经排在前面了，在某些技术层次上也处于很高的水平。

通过目前我国的自动化所发展情况进行分析，将来我国在这方面的水平会不断得到提高，慢慢赶上发达国家，逐渐提高我国在世界上的知名度，让我国的经济效益更好。整个技术市场大环境是开放型快速发展的，面对越来越残酷的竞争，各个企业为了适应市场，提高了自动化控制系统的创新力度，并且特别注重培养创新型人才，下大力气自主研发自动化控制系统，取得了一定的成绩。企业在增强自身的综合竞争实力的同时，自动化控制系统也将不断发展创新，为电气工程的持续发展提供了技术层次的支撑和智力方面的保障。

（五）不断提高电气自动化的安全性（安全化）

电气自动化要很好的发展，不只是需要网络来支持，系统运行的安全的保障更加重要，然而对系统进行维护以及保养非常的重要。如今，电气自动化行业越来越多，大多数安全系数比较高的企业都在应用其电气自动化的产品，因此，我们需要很重视产品安全性的提高。现在，我国的工业经济正在经历着新的发展阶段，在工业发展中，电气自动化的作用越来越重要，新型的工业化发展道路是建立在越来越成熟的电气自动化技术基础上的。自动化系统趋于安全化能够更好地实现其功能。通过科学分析电力市场发展的趋势，逐渐降低市场风险，防患于未然。

同时，电气自动化系统已经普及我们的生活中，企业需要重视其员工的整体素质。为使得电气自动化的发展水平得到提高，对系统进行安全维护要做到位，避免任何问题的出现，保证系统能够正常工作。

第三节 电气自动化控制技术的影响因素

由于在工业生产过程中应用如电气自动化技术是非常重要的，生产管理者必须针对影响电气自动化技术发展的原因进行深入的分析与探索，从而找到根本的解决之道，进一步促进电气自动化事业的快速发展。

一、电子信息技术发展所产生的影响

如今电子信息技术早已被人们所熟悉。它与电气自动化技术的发展关系十分紧密。相应的软件在电气自动化中得到了的良好应用，能够让电气自动化技术更加安全可靠。我们大家都知道，现在所处的时代是一个信息爆炸的时代，我们需要尽可能构建起一套完整有效的信息收集与处理体系，否则就无法跟上时代的步伐。因此，电气自动化的技术要想有突破性的进展就需要我们能够掌握好新的信息技术，通过自己的学习将电子技术与今后的工作有效地进行融合，找寻到能够可持续发展的路径，让电气自动化技术可以有更加良好的前景与发展空间。

信息技术的关键性影响。信息技术主要包括计算机、世界范围高速宽带计算机网络及通信技术，大体上讲就是指人类开发和利用信息所使用的一切手段，这些技术手段主要目的是用来处理、传感、存储和显示各种信息等相关支持技术的综合体。现代信息技术又称为现代电子信息技术，它是建立在现代电子技术基础上并以通信、计算机自动控制等现代技术为主体将各个种类的信息进行获取、加工处理并进行利用。现代信息技术是实现信息的获取、处理、传输控制等功能的技术。信息系统技术主要包括光电子、微电子以及分子电子等有关元器件制造的信息基础技术，主要是用于社会经济生活各个领域的信息应用技术。信息技术的发展在很大程度上取决于电气自动化中众多学科领域的持续技，术创新信息技术对电气自动化的发展具有较大的支配性影响。反过来信息技术的进步又同时为电气自动化领域的技术创新提供了更加先进的工具基础。

二、物理科学技术发展产生的影响

20 世纪后半叶，物理科学技术的发展对电气工程的成长起到了巨大的推动作用。固体电子学也主要是由于三极管的发明和大规模集成电路制造技术的发展，电气自动化与物理科学间的紧密联系与交叉仍然是今后电气自动化的关键，并且将拓宽到微机电、生物系统、光子学系统。因为电气自动化技术的应用属于物理科学技术的范围，所以，物理科学技术的快速发展，肯定会对电气自动化技术的发展以及应用发挥着重大的、积极的促进作用。所以，要想电气自动化技术获得更好的发展，政府以及企业的管理者务必高度关注物理科学技术的发展状况，以免在电气自动化技术的发展过程中违背当前的物理科学技术的发展。

三、其他科学技术的进步所产生的影响

由于其他科学技术的不断发展，从而促进了电子信息技术的快速发展和物理科学技术的不断进步，进而推动了整个电气自动化技术的快速进步。除此之外，现代科学技术的发展以及分析、设计方法的快速更新，势必会推动电气自动化技术的飞速发展。

第二章 电气自动化控制技术概述

第一节 电气自动化控制技术发展的意义

目前，随着我国人民生活水平的不断提高，人们越来越重视电气自动化控制系统的应用。电气自动化控制技术具有很多优点，比如智能化、节约化、信息化等。电气自动化技术给人们的生活和工作带来了极大的便利，对社会经济的不断发展发挥着非常重要的作用。时代在进步，社会在发展，因此，为了跟上市场发展的需求，我国政府应该加大对电气自动化控制系统的投入力度，使得电气自动化控制系统功能变得更加强大，保证电气自动化控制系统朝着开放化、智能化方向发展。

一、电气自动化控制系统的发展历程

20世纪50年代初，英国钢铁协会（BISRA）建立了电气设备弹跳方程和设备刚度的概念，将机器运行理论从单纯以经典力学知识为基础研究其变形规律转化为力学和自动控制理论相结合的统一研究，并建立了电气自动控制系统的数学模型，使得电气自动化控制研究从人工手动调节和电机压下阶段进入了自动控制阶段，实现了电气自动化控制史的一次

重大突破。由于该自动控制系统的推广，使得制作出的产品在几何精度上有了较大的提高，并在一段时间内被广泛使用。而后随着计算机技术的飞速发展以及广泛应用，将计算机技术引入电气自动化控制中，再一次实现了自动化水平的飞跃，从此进入了计算机控制阶段。如今 AGC 在电气自动化生产中已相当成熟。如基于模型参考自适应 Smith 预估器的反馈式 AGC 智能控制系统，该方法很好地将出电气设备波动现象给消除了，从而提升了响应速度。还有学者将传统的 PI 控制与嵌入式重复控制相结合，所提出的新型复合控制方案，也在电气自动化领域取得了很好的效果。

随着电气自动化控制系统的日臻完善以及板厚精度的不断提高，人工智能控制作为电气自动化控制的另一重要方面，面临着巨大的挑战。以工业轧机为例，20 世纪 60 年代，学者们以 M. D. Stone 的理论为基础，不断研究弹性基础理论及轧机液压弯辊技术，建立了板形自动控制系统（AFC），板形控制技术迅速发展起来。70 年代，日本研制出的 HC 轧机，以其优异的控制能力，广泛应用于冷轧领域中。同时，板形控制的研究还依赖于板形测量手段，这就需要先进的板形测量仪，目前我国所自主研发的板形测量仪也已经达到了国际领先水平。近年来，也有众多学者对板形控制进行了深入研究。如张秀玲等人提出的板形模式识别的 GA-BP 模型和改进的最小二乘法，便很好地将遗传算法的优点和神经网络结合，克服了传统的最小二乘法的缺点。刘宏民等人提出的板形曲线的理论计算方法，实验结果表明该方法对于消除板凸度方面取得了很好的效果。再加上模糊控制的引入，在模糊控制理论的基础上进行板形控制的建模，这使得板形控制不再局限于对称板形，对于非对称板形上也能进行控制。

自 20 世纪 70 年代，M. Tarokh 等人将 AGC 和 AFC 结合，提出电气工程智能控制系统后，国内外诸多学者对此进行了大量研究。由于此智能控制研究涉及的理论知识繁多，难以建立精确模型，同时还需要一定的工艺知识以及如何运用到生产设备中，这使得到目前为止还未达到理想的控制精度。但随着研究的深入，科技的发展，越来越多的理论运用到其中，这让智能制造技术在电气自动化控制领域也取得不错的成绩。如借助 PSO 的小波神经网络解耦 PID 控制技术，使用小波神经网络解耦，然后 PSO 优化 PID 控制器参数，该方法具有良好的抗干扰能力。如今，随着现代控制理论和智能控制理论的发展，将两者结合运用到电气自动化控制系统中已经成为主流趋势，并且还在不断完善。

如今，电气自动化控制技术的发展前景十分明确，电气自动化控制技术已经成为企业生产的主要部分。除此之外，电气自动化控制技术还是现代电气自动化企业科学的核心技术，是企业现代化的物质基石，是企业现代化的重要标志，许多工厂、企业将生产产品需人工完成的或因环境危险工人无法完成的部分用机器进行替代，工业的电气自动化控制技术节约了成本和时间，从一定程度上提高了工作效率，它的使用提高了工作的可靠性、运行的经济性、劳动生产率、改善劳动条件等。它的使用把人从繁重的体力劳动转变为了对机器的控制技术，完成了人工无法完成的工作，当前许多学校为了顺应时代潮流开设了电气自动化控制技术专业，电气自动化控制技术是电气信息领域的一门新兴学科，更重要的是它和人们的日常生活以及工业生产密切相关，它的发展如今非常迅速，当前相对比较成熟，已经成为高新技术产业的重要组成部分，电气自动化控制技术广泛应用于工业、农业、国防等领域。电气自动化控制技术的发展在国民经济中已经发挥着越来越重要的作用。可以说，电气自动化控制技术的发展是提升城市品位和城市居民生存质量的重要因素，是人民日益增长得物质需求造成的，是社会发展的必然产物。

随着我国市场经济的进一步成熟，电气化技术方面的竞争也越来越激烈。因此，我国电气化控制技术研发机构必须结合自身的实际情况，发挥出自身的优势，才能在行业当中抢占重要的位置。电气自动化技术能够最大限度地降低人工劳动的强度，提高检测的精准度，增强传输信息的实时性、有效性，保证生产活动的正常开展；同时，减少了发生安全事故的可能，确保设备能够正常地运行。

1. 电气自动化工程 DCS 系统：DCS，即分布式控制系统，是相对于集中系统而言的一种新兴的计算机控制系统。但随着 DCS 逐渐的运用，也越来越感受到分布式控制系统所存在的缺点。比如，受 DCS 系统模拟混合体系所限制，仍然采用的是模拟的传统型仪表，大大地降低了系统的可靠性能，维修起来也显得比较困难；分布式控制系统的生产厂家之间缺乏一种统一的标准，降低了维修的互换性；此外，就是价格非常的昂贵。因此，在现代科技革命之下，必须进行技术上的创新。

2. 电气自动化控制系统的标准语言规范是 Windows NT 和 IE 在电气自动化的发展领域，发展的主要流向已经衍变成为人机的界面。因为 PC 系统控制的灵活性质以及容易集成的特性，使其正在被越来越多的用户所接受和使用；同时，电气自动化控制系统使用的标准系统语言，使其更加容易进行维护处理。

二、电气自动化控制系统的发展趋势

随着经济社会的发展、信息技术的进步以及网络技术的进一步发展，计算机在未来电气工程发展中的作用日益突出。当前 IEC61131 已经变成了重要的国际化标准，广泛地被各大电气自动化控制系统厂商所采纳。与此同时，Internet 技术、以太网以及服务器体系结构等引发了电气自动化的一场场革命。由于市场需求的不断增大使得自动化与 IT 平台不断融合，电子商务也不断普及，这又促使这一融合不断加快。在当前信息时代，多媒体技术以及 Internet 技术在自动化领域中具有非常广泛的应用前景。电气企业的管理人员可以通过标准化的浏览器来存取企业中重要的管理数据，而且也可监控现在生产过程中的动态画面，从而及时地了解准确而全面的生产信息。除此之外，视频处理技术以及虚拟现实技术的应用对将来的电气自动化产品，比如说设备维护系统以及人机界面的设计产生非常重要的影响。这就使得相应的通信能力、软件结构以及组态环境的重要性日益突出，电气自动化控制系统中软件的重要性也逐渐提高。电气自动化控制系统将从过去单一的设备逐渐朝着集成的系统方向转变。

(一) 注重开放化发展

在电气自动化控制系统研究中，相关研究人员应该注重开放化发展。目前，随着我国计算机技术水平的不断发展，相关研究人员都把电气自动化与计算机技术有效地结合在一起，促进了计算机软件的不断开发，使得电气自动化控制技术朝着集成化方向发展。与此同时，随着我国企业的运营管理自动化的不断发展，ERP 系统集成管理理念被引起了广泛的关注。ERP 系统集成管理主要指的就是把所有的控制系统和电气控制系统互相连接起来，从而实现对系统信息数据的有效收集和整理。另外，电气自动化控制系统还有很多的优点，不仅能够实现信息资源的共享性，还能提高企业的工作效率，这在一定程度上体现了电气自动化控制的全面开放化发展。最后，以太网技术也给电气自动化控制系统带来了很大的改变，从而使得电气自动化控制系统在多媒体技术和网络的共同参与下拥有了更多的控制方式。

(二) 加快智能化发展

电气自动化控制系统的广泛应用，给人们的生活和工作带来了很大的便利。目前，随着以太网传输速率的提高，电气自动化控制系统面临着更大的挑战和机遇。因此，为了保证电气自动化控制系统的可持续发展，相关研究人员应该重视电气自动化控制系统的研究，加快智能化发展，从而满足目前市场的发展需求。与此同时，现在很多 PLC 生产厂家都在研究和开发故障检测智能模块，这在一定程度上减少了设备故障发生的概率，提高了系统的可靠性和安全性。总之，很多自动化控制厂商也都开始认识到了自动化控制技术的重要性，从而促进了电气自动化控制向着智能化的方向发展，为我国社会经济的不断发展奠定了坚实的基础。

(三) 加强安全化发展

对于电气自动化控制系统来说，安全控制是其中应该重点研究的方向。为了保证电气用户能够在安全的情况下进行产品生产，相关的研究人员应该重点加强安全与非安全系统控制的一体化集成，尽量减少成本，从而保证电气自动化控制系统的安全运行。除此之外，从目前我国电气自动化控制系统的发展现状来看，系统安全已经逐步从安全级别需求最大的领域向其他危险级别较低的领域转变，同时，相关技术研究人员也应该重视电气自动化控制系统的网络设施发展，将硬件设备向软件设备方向发展，提高网络技术水平，从而保证网络的安全性和稳定性。

(四) 实现通用化发展

目前，电气自动化控制系统也正在朝着通用化的方向发展。为了真正实现自动化系统的通用化，应该对自动化产品进行科学的设计、适当的调试，并不断提高对电气自动化产品的日常维护水平，从而满足客户的需求。除此之外，目前很多电气自动化控制系统普遍在使用标准化的接口，这样做的目的是保证办公室和自动化系统资源数据的共享，摒弃以往电气接口的独立性，实现通用化，从而为用户带来更大的便利。

OPC 技术的出现，IEC61131 的颁布，以及 Windows 平台的广泛应用，使得未来的电气技术的结合，计算机日益发挥着不可替代的作用。市场的需求驱动着自动化和 IT 平台的融合，电子商务的普及将加速这一过程。电气自动化控制系统的高度智能化和集成化，决定了研发制造人员技术专业性要强；同时，也对电气自动化控制系统相关岗位的操作人员有专业性的要求。对岗位的操作人员培训尤其需要加强。对于电气自动化控制系统这一现代化技术装备，在进行安装的过程中就应该安排岗位人员进行培训，让他们在安装过程中熟悉整个系统的安装流程，加深技术人员对于自动化系统的认知。特别是对于从未接触过这一新设备、新技术的企业和人员，显得更为重要。并且企业应该注重对员工的技术操作水平的提升，让技术员工必须掌握操作系统硬件，软件的相关实际技术要点和保养维修知识，避免人为降低系统工程的安全与可靠性。

第二节　电气自动化控制技术系统简析

一、电气自动化控制技术系统的含义

电气自动化控制系统指的是不需要人为参与的一种自动控制系统，可以通过监测、控制、保护等仪器设备实现对电气设施的全方位控制。电气自动化控制系统主要包括供电系统、信号系统、自动与手动寻路系统、保护系统、制动系统等。供电系统为各类机械设备提供动力来源；信号系统主要采集、传输、处理各类信号，为各项控制操作提供依据；自动和手动寻路系统可以借助组合开关实现自动和手动的切换；保护系统通过熔断器、稳压器保护相关线路和设备；制动系统可以在发生故障或操作失误时进行制动操作，以减小损失。

二、电气自动化控制技术系统的分类

电气自动化控制系统可以从多个角度进行分类，从系统结构角度分析，电气自动化控制系统可以分为闭环控制系统、开环控制系统和复合控制系统；从系统任务角度分析，电气自动化控制系统具体分为随动系统、调节系统和程序控制系统；从系统模型角度进行分类，电气自动化控制系统主要包括线性控制系统和非线性控制系统两种类型，还可以分为时变和非时变控制系统；从系统信号角度进行分类，电气自动化控制系统可以分为离散系统和连续系统。

三、电气自动化控制技术系统工作的原则

电气自动化控制系统的工作过程中，不是连接单一设备，而是多个设备相互连接同时运行，并对整个运行过程进行系统性调控，同时，需要应用生产功能较完整的设备进行生产活动控制，并设置相关的控制程序，对设备的运行数据进行显示和分析，从而全面掌握系统的运行状态。电气自动化控制系统需要遵循的工作原则主要包括以下几点：

（1）具备较强抗干扰能力，由于是多种设备相互连接同时运行，不同设备之间会产生干扰，电气自动化控制系统要通过智能分析使设备提高排除异己参数的抗干扰能力；

（2）遵循一定的输入和输出原则，结合工程的实际应用的特点及工作设备型号，技术人员需调整好相关的输入与输出设置，并根据输入数据对输出数据进行转化，通过工作自检避免响应缓慢问题，并对设定的程序进行漏洞修补，从而实现定时、定量的输入和输出。

四、电气自动化控制技术系统的应用价值

随着科技的进步和工业的发展，电气自动化生产水平也得到提高，因此，加强系统的自动化控制尤其重要。电气自动化控制系统可以实现过程的自动化操控及机械设备的自动控制，从而降低人工操作难度，进一步提高工作效率，其应用价值主要体现在以下几点：

1.自动控制

电气自动化控制系统的一个主要应用功能就是自动控制，例如，在工业生产中的应用，只需要输入相关的控制参数就可以实现对生产机械设备的自动控制，以缓解劳动压力。电气自动化控制系统还可以实现运行线路电源的自动切断，还可以根据生产和制造需要设置运行时间，实现开关的自动控制，避免人工操作出现的各种失误，极大地提高生产效率和质量。

2.保护作用

工业生产的实际操作中，会受到各种复杂因素的影响，例如生产环境复杂、设备多样化、供电线路连接不规范等，极易造成设备和电路故障。传统的人工监测和检修难以全面掌控设备的运行状态，导致各种安全隐患问题。通过应用电气自动化控制系统，在设备出现运行故障或线路不稳定时，可以通过保护系统实现安全切断，终止运行程序，避免了安全事故和经济损失，保障电气设备的安全运行。

3.监控功能

监控功能是电气自动化控制系统应用价值的重要体现，在计算机控制技术和信息技术的支持下，技术人员可以通过

应用报警系统和信号系统，对系统的运行电压、电流、功率进行限定设置，但超出规定参数时，可以通过报警装置和信号指示对整个系统进行实时监控。此外，电气自动化控制系统还可以实现远程监控，将各系统的控制计算机进行有效连接，通过识别电磁波信号，在远程电子显示器中监控相关设备的运行状态，从而实现数据的实时监测和控制。

4.测量功能

传统的数据测量主要通过工作人员的感官进行判断，例如眼睛看、耳朵听，从而了解各项工作的相关数据。电气自动化控制系统具有对自身电气设备电压、电流等参数进行测量的功能，在应用过程中，可以实现对线路和设备的各种参数进行自动测量，还可以对各项测量数据进行记录和统计，为后期的各项工作提供可靠的数据参考，方便工作人员的管理。

第三节　电气自动化控制技术系统的特点

一、电气自动化控制技术系统的优点

说起电气自动化控制技术，不得不承认现如今经济的快速发展是和工业电气自动化控制技术有关的，电气自动化控制技术可以完成许多人无法完成的工作，比如一些工作是需要在特殊环境下完成的，辐射、红外线、冷冻室等这些环境都是十分恶劣的，长期在恶劣的环境下工作会对人体健康产生影响，但许多环节又是需要完成的，这时候机器自动化的应用就显得尤为重要，所以工业电气自动化的应用可以给企业带来许多方便，它可以提高工作效率，减少人为因素造成的损失，工业自动化为工业带来的便利不容小觑。

据相关调查研究发现，一个完整的变电站综合自动化系统除了在各个控制保护单元中存有紧急手动操作跳闸以及合闸的措施之外，别的单元所有的报警、测量、监视以及控制功能等都可以由计算机监控系统来进行。变电站不需要另外设置一些远动设备，计算机监控系统可以使得遥控、遥测、遥调以及遥信等功能与无人值班的需要得到满足。就电气自动化控制系统的设计角度而言，电气自动化控制系统具有许多优点，比如说：

（1）集中式设计：电气自动化控制系统引用集中式立柜与模块化结构，使得各控制保护功能都可以集中于专门的控制与采集保护柜中，全部的报警、测量、保护以及控制等信号都在保护柜中予以处理，将其处理为数据信号之后再通过光纤总线输送到主控室中的监控计算机中。

（2）分布式设计：电气自动化控制系统主要应用分布式开放结构以及模块化方式，使得所有的控制保护功能都分布于开关柜中或者尽可能接近于控制保护柜之上的控制保护单元，全部报警、测量、保护以及控制等信号都在本地单元中予以处理，将其处理为数据信号之后通过光纤的总线输送到主控室的监控计算机中，各个就地单元之间互相独立。

（3）简单可靠：因为在电气自动化控制系统中用多功能继电器来代替传统的继电器，能够使得二次接线得以有效简化。分布式设计主要是在主控室和开关柜间进行接线，而集中式设计的接线也局限在主控室和开关柜间，因为这两种方式都在开关柜中进行接线，施工较为简单，别的接线能够在开关柜与采集保护柜中完成的特点，操作较为简单而可靠。

（4）具有可扩展性：电气自动化控制系统的设计可以对电力用户未来对电力要求的提高、变电站规模以及变电站功能扩充等进行考虑，具有较强的可扩展性。

（5）兼容性较好：电气自动化控制系统主要是由标准化的软件以及硬件所构成，而且配备有标准的就地 I/O 接口与穿行通信接口，电力用户能够根据自己的具体需求予以灵活的配置，而且系统中的各种软件也非常容易与当前计算机计算的快速发展相适应。

当然，电气自动化控制技术的快速发展与它自身的特点是密切相关的，例如每个自动化控制系统都有其特定的控制系统数据信息，通过软件程序连接每一个应用设备，对于不同设备有不同的地址代码，一个操作指令对应一个设备，当发出操作指令时，操作指令会即刻到达所对应设备的地址，这种指令传达的快速且准确，既保证了即时性，又保证了精确性。与工人人工操作相比，这种操作模式对于发生操作错误的概率会更低，自动化控制技术的应用保证了生产操作快速高效的完成。除此之外，相对于热机设备来说，电气自动化控制技术的控制对象少、信息量小，操作频率相对较低，且快速、高效、准确。同时，为了保护电气自动化控制系统，使得其更稳定，数据更精确，系统中连带的电气设备均有较高的自动保护装置，这种装置对于一般的干扰均可降低或消除，且反应能力迅速，电气自动化系统的大多设备有连锁保护装置，这一系列的措施满足有效控制的要求。

作为一种新兴的工艺和技术，电气自动化解决的最主要的问题是很多人力不能完成的工作，因为环境的恶劣而没有办法解决的问题也顺利完成，比如在温度极高或者极低的条件下工作或者有辐射的环境下工作，劳动者的身体也会在一定时间里受到不同程度的损害，更甚这种职业病将会对他们一生带来影响，成为一种职业病，但有的重要部分是不可省去的。电气自动化技术就可以通过控制机器，来完成这些需要在特定环境下完成的工作，很大程度上节省了人力物力，同时使工人的健康得到保障，工作效益也进一步提高，企业也会减少一些不必要的损失。显而易见，电气自动化控制技术给企业带来的益处数不胜数。电气自动化控制技术的特点与它的飞速发展是紧密联系的，比如说，每一个控制系统都不是随随便便建立的，它有其自身相关的数据信息，每一台设备都和相应的程序连接，地质代码也会因为设备的不同而有所差异，操作指令发出后会快速地传递到相应的设备当中，及时并且是准确的。电气自动化控制系统的这种操作大大降低了由于工人大意而造成的误差，并且在一定程度上提高了工作效率。

电气自动化控制技术的应用是顺应社会发展带来的新技术、新工艺。电气自动化控制技术的发展与应用，使得很多人工劳动难以完成的工作项目得以完成，对于恶劣环境下无法完成的劳动内容也得到完成，例如在有辐射的工作区域、冻室、高温室等工作区域，这些条件都十分恶劣，劳动者长期在此环境下操作会对健康造成极坏的影响，甚至得无法治愈的职业病，而很多工作环节又是不可替代的，必须完成的，电气自动化控制技术的应用就很好地解决了这个问题，通过设备自动化控制与操作，使人们到恶劣环境中操作的机会得到降低，对人体健康水平得到进一步提高，同时，也提高了工作效率，给企业的技术操作带来便利，降低了人为操作因素带来的损失，电气自动化技术的应用对于企业发展进步提供的便利是不言而喻的。

二、电气自动化控制技术系统的功能

电气自动化控制技术系统具有非常多的功能，基于电气控制技术的特点，电气自动化控制技术系统要实现对发电机——变压器组等电气系统断路器的有效控制，电气自动化控制技术系统必须具有以下基本功能：发电机——变压器组出口隔离开关及断路器的有效控制和操作；发电机——变压器组、励磁变压器、高变保护控制；发电机励磁系统励磁操作、灭磁操作、增减磁操作、稳定器投退、控制方式切换；开关自动、手动同期并网；高压电源监测和操作及切换装置的监视、启动、投退等；低压电源监视和操作及自动装置控制；高压变压器控制及操作；发电机组控制及操作；LPS、直流系统监视；等等。

电气自动化控制系统中的控制回路主要是确保主回路线路运行的安全性与稳定性。控制回路设备的功能主要包括：

（1）自动控制功能：就电气自动化控制系统而言，在设备出现问题的时候，需要通过开关及时切断电路从而有效避免安全事故的发生，因此，具备自动控制功能的电气操作设备是电气自动化控制系统的必要设备。

（2）监视功能：在电气自动化控制系统中，自变量电势是最重要的，其通过肉眼是无法看到的。机器设备断电与否，一般从外表是不能分辨出来的，这就必须要借助传感器中的各项功能，对各项视听信号予以监控，从而实时监控整个系统的各种变化。

（3）保护功能：在运行过程中，电气设备经常会发生一些难以预料的故障问题，功率、电压以及电流等会超出线路及设备所许可的工作限度与范围，因此，这就要求具备一套可以对这些故障信号进行监测并且对线路与设备予以自动处理的保护设备，而电气自动化控制系统中的控制回路设备就具备这一功能。

（4）测量功能：视听信号只可以对系统中各设备的工作状态予以定性的表示，而电气设备的具体工作状况还需要通过专业设备对线路的各参数进行测量才能够得出。

电气自动化控制技术系统具有如此多的功能，给社会带来了许多的便利，电气控制技术自动化给人们带来了社会发展的稳定与进步和现代化生产效率的极大提高，因此，积极探讨与不断深入研究当前国家工业电气自动化的进一步发展和战略目标的长远规划有着十分深远的现实意义。

第四节 电气自动化控制技术系统的设计

一、电气自动化控制系统设计存在的问题

（一）设备的控制水平比较低

电气自动化的设备更需要不断地完善和创新，体系的数据也会出现改动，伴随数据的变化还有新设备的使用就需求厂商及时地导入新的数据。但是在这个过程中，因为设备控制的水平相对于来说较低，就阻止了新数据的导入，也使新的数据库不能体系地去控制。因而需求不断地更新设备控制的水平。

(二)控制水平与系统设计脱节

控制水平的凹凸直接影响着设备的使用寿命以及运转功能，对控制水平的需求也就相应的较高，可是当前设备控制选用一次性开发，无法统筹公司的后续需求，直接造成控制水平与出产体系规划的开展脱节，所以公司应当注重设备控制水平的进步，使其契合体系的规划需求。

(三)自动化设备维护更重要

一个健康的人如果不断的工作，不定期去体检，得了小病不去治疗，长时间如此就会累计成大病乃至逝世。自动化体系长时间运行也会出毛病。至电气自动化操控体系进入水厂出产技术以来，大大提高了水厂出产运行的安全性、稳定性，减轻了职工的劳动强度。在得到获益的同时，也存在一些问题。一是有些配件出现毛病后，由于自动化配件更新快，有些配件现已停产购不到；二是有些自动化配件损坏后置办不到同类型，或厂家供给更换类型不符合当前的操控需求；三是自动化配件及体系的惯例配件收购渠道不疏通；四是懂得自动化操控体系的人才缺乏，自动化设备毛病后不能得到有用的保护。

综上所述，如今滤池反冲刷技术、沉淀池排泥体系有些出产技术的自动化体系已成为半自动化，所以电气自动化设备的保护更重要。

二、电气自动化控制系统的作用

在企业进行工业生产时，利用电气自动化控制技术可以对生产工艺实现自动化控制。新时期的电气自动化控制技术，使用的是分布式控制系统，能在工业生产过程中，有效地进行集中控制。而且电气自动化控制技术还可以进行自我保护，当控制系统出现问题时，系统会自动进行检测，然后分析系统出现故障的原因，确定故障位置，并立刻中断电源，使故障设备无法继续工作。这样可以有效避免因为个别设备出现问题，而影响产品质量的情况出现，从而降低企业因为个别故障设备而造成的成本损失。所以，企业利用电气自动化控制技术来进行生产时，可以提高整个生产工艺的安全性，从某种程度上降低企业的成本。而且，现在大部分企业中应用的电气自动化控制系统，都可以实现远程监控，企业可以通过电气自动化控制技术，来远程监控生产工艺中不同设备的运行状况。假如某个环节出现故障，控制中心就会以声光的形式来发出警告，通过电气自动化控制的远程监控功能，减少个别故障设备所造成的损失，并且当故障出现时，可以尽快被相关工作人员察觉，从而避免损失的扩大。

现在，在企业中应用的电气自动化控制系统，还可以在工作过程中分析生产过程中涉及设备工作情况，将设备的实际数据与预设数据比较，当某些设备出现异常时，电气自动化控制系统还可以对设备进行调节，因此企业采用电气自动化控制技术能提高生产线的稳定性。

三、电气自动化控制技术系统的设计理念

目前，电气自动化控制系统有三种监控方式，分别是现场总线监控、远程监控与集中监控。这三种方案依次可实现

远程监测、集中监测与针对总线的监测。

集中监控的设计尤为简单，要求防护较低的交流措施，只用一个触发器进行集中处理，可以方便维护程序，但是对于处理器来说较大的工作量会降低其处理速度，如果全部的电气设备都要进行监控就会降低主机的效率，投资也因电缆数量的增多而有所增加。还有一些系统会受到长电缆的干扰，如果生硬地连接断路器的话也会无法正确地连接到辅助点，给相应人员的查找带来很大的困难，一些无法控制的失误也会产生。远程监控方式同样有利有弊，电气设备较大的通信量会降低各地通信的速度。它的优点也有很多，比如灵活的工作组态、节约费用和材料并且相对来说可靠性更高。但是总体来说远程监控这一方式没有很好地体现出来电气自动化控制技术的特点，经过一系列的试验和实地考察，现场总线监控结合了其余两种设计方式的优点，并且对其存在的缺点进行有效改良，它成为最有保障的一种设计方式，电气自动化控制系统的设计理念也随之形成。设计理念在设计过程中的体现主要有以下几个方面：

①电气自动化控制技术实行集中检测时，可以实现一个处理器对整个控制的处理，简单灵活的方式极大地方便了运行和维护。②电气自动化控制技术远程监测时，可以稳定的采集和传输信号，及时反馈现场情况，依据具体情况来修正控制信号。③电气自动化控制技术在监测总线时，集中实现控制功能，从而来实现高效的监控。从电气自动化控制技术的整体框架来说，在许多实际应用中都体现出电气自动化控制技术系统设计理念，也获得了许多的成绩，所以进行电气自动化控制技术设计时，依据自身情况选择合理的设计方案。

四、电气自动化控制技术系统的设计流程

在机电一体化产品中，电气自动化控制系统具有非常重要的作用，其就相当于人类的大脑，用来对信息进行处理与控制。所以，在进行电气自动化控制系统的设计时一定要遵循相应的流程。依照控制的相关要求将电气自动化控制系统的设计方案确定下来，然后将控制算法确定下来，并且选择适当的微型计算机，制定出电气自动化控制系统的总体设计内容，最后开展软件与硬件的设计。虽然电气自动化控制系统的设计流程较为复杂，但是在设计时一定要从实际出发，综合考虑集中监测方式、现场总路线监控方式以及远程监控方式，唯有如此才能够将与相关要求相符的控制系统建立起来。

五、电气自动化控制技术系统的设计方法

据相关调查研究发现，在当前电气自动化控制系统中应用的主要设计思想有三种，分别是集中监控方式、远程监控方式以及现场总线监控方式，这三种设计思想各有其特点，其具体选用应该根据具体条件而定。

使用集中监控的自动化控制系统时，中央处理器会分析生产过程中所产生的数据并进行处理，可以很好地控制具体的生产设备。同时，集中监控控制系统设计起来比较简单，维护性较强。不过，因为集中监控的设计方式会将生产设备的所有数据都汇总到中央处理器，中央处理器需要处理分析很多数据，因此电气自动化控制系统运行效率较低，出现错误的概率也相对高。采用远程监控设计方式设计而成的电气自动化控制系统，相对灵活，成本有所降低，还能给企业带

来很好的管理效果。远程监控电气自动化控制系统在工作过程中,需要传输大量信息,现场总线长期处于高负荷状态,因此应用范围比较小。以现场总线监控为基础设计出的监控系统应用了以太网与现场总线技术,既有很强的可维护性,也更加灵活,应用范围更广。现场总线监控电气自动化控制系统的出现,极大地促进了我国电气自动化控制系统智能化的发展。工业生产企业往往会根据实际需要,在这 三 种监控设计方式之中选取一种。

(一) 现场总线监控

随着经济社会的发展、科学技术的进步,当前智能化电气设备有了较快的发展,计算机网络技术已经普遍应用在变电站综合自动化系统中,我们也积累了丰富的运行经验。这些都为网络控制系统应用于电力企业电气系统奠定了良好的基础。现场总线以及以太网等计算机网络技术已经在变电站综合自动化系统中得以较为广泛的应用,而且已经积累了较为丰富的运行经验,同时智能化电气设备也取得了一定的发展,这些都给在发电厂电气系统中网络控制系统的应用奠定了重要的基础。在电气自动化控制系统中,现场总线监控方式的应用可以使得系统设计的针对性更强,由于不同的间隔,其所具备的功能也有所不同,因此能够依照间距的具体情况来展开具体的设计。现场总线监控方式不但具备远程监控方式所具备的一切优点,同时还能够大大减少模拟量变送器、I/O卡件、端子柜以及隔离设备等,智能设备就地安装并且通过通信线和监控系统实现连接,能够省下许多的控制电缆,大大减小了安装维护的工作量以及投入资金,进而使得所需成本得以有效降低。除此之外，各装置的功能较为独立，装置间仅仅经由网络来予以连接，网络的组态较为灵活，这就使得整个系统具有较高的可靠性，每个装置的故障都只会对其相应的元件造成影响，而不会使系统发生瘫痪。所以，在未来的发电厂计算机监控系统中，现场总线监控方式必然会得到较为广泛的应用。

（二）远程监控

最早研发的自动化系统主要是远程控制装置，主要采用模拟电路，由电话继电器、电子管等分立元件组成。这一阶段的自动控制系统不涉及软件。主要由硬件来完成数据收集和判断，无法完成自动控制和远程调解。它们对提高变电站的自动化水平，保证系统安全运行，发挥了一定的作用，但是由于这些装置，相互之间独立运行，没有故障诊断能力，在运行中若自身出现故障，不能提供告警信息，有的甚至会影响电网安全。远程监控方式具有节约大量电缆、节省安装费用、节约材料、可靠性高、组态灵活等优点。由于各种现场总线（如 Lonworks 总线、CAN 总线等）的通信速度不是很高，而电厂电气部分通信量相对又比较大，所有这种方式适应于小系统监控，而不适应于全厂的电气自动化系统的构建。

（三）集中监控

集中监控方式主要出在于运行维护便捷，系统设计容易，控制站的防护要求不高。但基于此方法的特点是将系统各个功能集中到一个处理器进行处理，处理任务繁重致使处理速度受到影响。此外，电气设备全部进入监控，会随着监控对象的大量增加导致主机冗余的下降，电缆树立增加，成本加大，长距离电缆引入的干扰也会影响到系统的可靠性。同时，隔离刀闸的操作闭锁和断路器的连锁采用硬接线，通常为隔离刀闸的辅助接点经常不到位，造成设备无法操作，这种接线的二次接线复杂，查线不方便，增加了维护量，并存在因为查线或传动过程中由于接线复杂造成误操作的可能。

电气自动化控制系统的设计思想一定要将各环节中的优势予以较好的把握，并且使其充分地发挥出来，与此同时，在电气自动化控制系统的设计过程中一定要坚持与实际的生产要求相符，切实确保电气行业的健康可持续发展。在电气自动化控制系统的不断探索中，需要相关工作人员认识当前存在的不足，并且通过不断学习新技术、新方法等，不断提高自己，从而不断推动我国电气自动化控制系统的发展。

第五节　电气自动化控制设备可靠性测试与分析

一、加强电气自动化控制设备可靠性研究的重要意义

伴随着电气自动化的提高，控制设备的可靠性问题就变得非常突出。电气自动化程度是一个国家电子行业发展水平的重要标志，同时自动化技术又是经济运行必不可少的技术手段。电气自动化具有提高工作的可靠性、提高运行的经济性、保证电能质量、提高劳动生产率、改善劳动条件等作用。

电气自动化控制设备可靠性对企业的生产有着直接的影响。所以在实际使用过程中，作为专业技术人员，必须切实

加强对其可靠性的研究，结合影响因素，采取针对性的措施，不断地强化其可靠性。

（一）可靠性可以增加市场份额

随着国家经济的高速发展，人们对于产品的要求也越来越高，用户不仅要求产品性能好，更重要的是要求产品的可靠性水平高。随着电气自动化控制设备自动化程度、复杂度越来越高，可靠性技术已成为企业在竞争中获取市场份额的有力工具。

（二）可靠性提高产品质量

产品质量就是使产品能够实现其价值、满足明示要求的技术和特点。只有可靠性高，发生故障的次数才会少，那么维修费用也就随之减少，相应的安全性也随之提高。因此，产品的可靠性是非常重要的，是产品质量的核心，是每个生产厂家倾其一生追求的目标。

二、提升电气自动化控制设备可靠性的必要性分析

由于电气自动化控制设备属于现代电气技术的结晶，其具有较强的专业性，所以为了确保其能更好地为生产提供服务，促进生产效率的提升，在实际工作中，作为电气专业技术人员，必须充分意识到提升其可靠性的必要性。具体来说，主要体现在以下几个方面：

1. 提升其可靠性能够使生产环节安全高效的开展。现代企业为了满足消费者的需要，在产品生产过程中往往需采取电气自动化控制设备的应用，这主要是得益于其有助于生产

效率的提升，提高产品的技术含量。因而只有提升其可靠性，才能确保始终处于最佳的状态服务生产，从而确保企业的各项任务安全高效的开展。

2.提升其可靠性能够使产品质量的提升。产品质量质量就是生命，企业要想在竞争日益激烈的市场环境中占有一席之地，就必须在实际生产过程中注重产品质量的提升，而提升产品质量离不开现代科学技术的支持，尤其是电气自动化控制技术设备的支持，只有提高其可靠性，才能确保所生产的产品质量的高效性，从而在提高产品质量的同时促进企业核心竞争力的提升。

3.提升其可靠性有助于有效地降低企业生产成本。企业经济效益的高低源自自身成本控制的好坏，而在企业生产中，如果电气自动化控制设备的可靠性不足，势必会因此带来维修成本的提升，因而只有加强对其的维护和保管，促进其可靠性的提升，才能更好地实现生产和降低成本的目标。

三、影响电气自动化控制设备可靠性的因素

既然提高电气自动化控制设备的可靠性具有十分强烈的必要性，那么为了更好地采取有效的措施促进其可靠性得到提升，就必须对影响电气自动化控制设备可靠性的因素有一个全面的认识，具体来说，主要有以下几点。

1.内在因素

内在因素主要是指电气自动化控制设备本身的元件质量较为低下，因此难以在恶劣的气候下高效运行，同时也难以抗击电磁波的干扰。这主要是因为生产企业在生产过程中偷

工减料，为了降低成本而降其生产工艺质量，导致电气自动化控制设备元件自身的可靠性和质量下降，加上很多电气自动化控制设备需要在恶劣环境下运行这就会导致可靠性降低，而电磁波干扰又难以避免，所以会影响其正常的运行。

2.外在因素

外在因素主要是指人为因素，在电气自动化控制设备使用和管理工作中，工作人员没有完全履行自身的职责，导致电气自动化控制设备长期处于高负荷的运行状态，电气自动化控制设备出现故障后难以得到及时修复，加上部分操作人员在实际操作中难以按照规范进行操作，导致其性能难以高效地发挥。

四、可靠性测试的主要方法

确定一个最适当的电气自动化控制设备可靠性测试方法是非常重要的，是对电气自动化控制设备可靠性做出客观准确评价的前提条件。国家电控配电设备质量监督检验中心提供了对电气自动化控制设备进行可靠性测试的方法，在实践中比较常用的主要有以下三种：

（一）实验室测试法

此种测试方法是通过可靠性模拟进行测试，利用符合规定的可控工作条件及环境对设备运行现场使用条件进行模拟，以便实现以最接近设备运行现场所遇到的环境应力对设备进行检测，统计时间及失效总数等相关数据，从而得出被检测设备可靠性指标。用同样的规定的可以控制的工作条件和环境条件，模拟现场的使用条件，使被测设备在现场使用时与所遇到的环境相同，在这种情况下进行试验，并将累计的时间和失败次数等其他数据通过数理统计得到可靠性指标，这是一种模拟可靠性试验。这种实验方法易于控制所得数据，并且得到的数据质量较高，实验结果可以再现、分析。但是受试验条件的限制很难与真实情况相对应的数据，同时试验费用很高，而这种试验一般都需要较多的试品，所以还要考虑到被试产品的生产批量与成本因素。因此这种试验方法比较适用于生产大批量的产品。

(二) 现场测试法

这种方法是通过对设备在使用现场进行的可靠性测试记录各种可靠性数据，然后根据数理统计方法得出设备可靠性指标的一种方法。该方法的优点是试验需要的试验设备比较少，工作环境真实，其测试所得到的数据能够真实反映产品，在实际使用情况下的可靠性，维护性等参数，且需要的直接费用少，受试设备可以正常工作使用。不利之处是不能在受控的条件下进行试验、外界影响因素繁杂，有很多不可控因素，试验条件的再现性比试验室的再现性差。

电气自动化控制设备可靠性现场测试法具体又包含三种类型：

1.是可靠性在线测试，即在被测试设备正常运行过程当中进行测试；

2.是停机测试，即在被测试设备停止运行时进行测试；

3.是脱机测试，需要从设备运行现场将待检测部件取出，安装到专业检测设备当中进行可靠性测试。

单纯从测试技术方面分析，后两种测试方法相对简单，但如果系统较为复杂一般只有设备保持运行状态时才可以定位出现故障的准确位置，故只能选择在线测试。在实践中，进行现场测试时具体选择哪种类型的测试，要看故障的具体情况以及是否可以实现立即停机。

电气自动化控制设备可靠性现场测试法与实验室测试法相比较，不同之处主要体现在以下两点：第一，现场测试法安装及连接待测试设备的难度较大，主要原因在于，线路板已经被封闭在机箱当中，这就导致测试信号难以引进，即便是在设备外壳处预留了测试插座，也需要较长的测试信号线，在进行电气自动化控制设备可靠性现场测试时，无法使用以往的在线仿真器；第二，由于进行设备可靠性现场测试通常不具备实验室的测试设备和仪器，这就给现场测试手段及方法提出更高要求。

（三）现场测试法

所谓保证实验法，就是通常经常谈到的"烤机"，具体指的是在产品出厂前，在规定的条件下对产品所实施的无故障工作试验。通常情况下，作为研究对象的电气自动化控制设备都有着数量较多的元器件，其故障模式显示方式并非以某几类故障为主，而是具有一定的随机性，并且故障表现形式多样，所以，其故障服从于指数分布，换句话说，其失效率是随着时间的变化而变化的。产品在出厂之前在实验室所进行的烤机，从本质上讲，就是测试和检测产品早期失效情况，通过对产品进行不断的改进和完善，以确保所出厂的产品的失效率均已符合相关指标的要求。实施电气自动化可靠性保证实验所花费的时间较长，因此，如果产品是大批量生产，这种可靠性检测方法只能应用于产品的样本，如果产品的生产量不大，则可以将此种保证实验测试法应用在所有产品上。电气自动化设备可靠性保证实验主要适用范围是电路相对复杂、对可靠性要求较高并且数量不大的电气自动化控制设备。

五、电气自动化控制设备可靠性测试方法的确定

确定电气自动化控制设备可靠性测试方法，需要对实验场所、实验环境、待测验产品以及具体的实验程序等因素进行全面的考察和分析：

(1) 实验场地的确定

电气自动化设备可靠性测试实验场地的选择，需要结合设备可靠性测试的具体目标来进行。如果待测试的电气自动化控制设备的可靠性高于某一特定指标，就需要选取最为严酷的实验场所进行可靠性测试；如果只是测试电气自动化控制设备在正常使用状况下的可靠性，就需要选取最具代表性的工作环境作为开展测试实验的场所；如果进行测试的目的只是获取准确的可比性数据资料，在进行实验场所选择时需要重点考虑与设备实际运行相同或相近的场所。

(2) 实验环境的选取

因为对于电气自动化控制设备而言，不同的产品类型所对应的工况也有所不同，所以，在进行电气自动化控制设备可靠性测试时，选取非恶劣实验环境，这样被测试的电气自动化控制设备将处于一般性应力之下，由此所得到的设备自控可靠性结果更加客观和准确。

（3）实验产品的选择

在选择电气自动化控制设备可靠性测试实验产品时，要注意挑选比较具有代表性、具有典型特点的产品。所涉及的产品的种类比较多，例如造纸、化工、矿井以及纺织等方面的机械电控设备等。从实验产品规模上分析，主要包括大型设备以及中小型设备；从实验设备的工作运行状况来分析，主要可以分为连续运行设备以及间断运行设备。

（4）实验程序

开展电气自动化控制设备可靠性实验需要由专业的现场实验技术人员严格按照统一实验程序操作，主要涉及测试实验开始及结束时间、确定适当的时间间隔、收集实验数据、记录并确定自控设备可靠性相关指标、相应的保障措施以及出现意外状况的应对措施等方面的规范。只有严格依据规范进行自控设备可靠性实验操作，才可以确保通过实验获取的相关数据的可靠性及准确性。

（5）实验组织工作

开展电气自动化控制设备可靠性测试实验最为重要的内容就是实验组织工作，必须组建一个高效、合理且严谨的实验组织机构，主要负责确定实施自控设备可靠性实验的主要参与人员，协调相关工作、对实验场所进行管理，组织相关实验活动，收集并整理实验数据，分析实验结果，对实验所得到的数据进行全面深入分析，并在此基础上得出实验结论。除此之外，实验组织机构还需要负责组织协调实验现场工程师、设备制造工程师以及可靠性设计工程师相互之间的关系与工作。

六、提高控制设备可靠性的对策

要提高电气自动化控制设备的可靠性，必须掌握控制设备的特殊性能，并采用相应的可靠性设计方法，从元器件的正确选择与使用、散热防护、气候防护等方面入手，使系统可靠性指标大大提高。

1. 从生产角度来说，设备中的零部件、元器件，其品种和规格应尽可能少，应该尽量使用由专业厂家生产的通用零部件或产品。在满足产品性能指标的前提下，其精度等级应尽可能低，装配也应简易化，尽量不搞选配和修配，力求减少装配工人的体力消耗，便于厂家自动进行流水生产。

2. 电子元器件的选用规则。根据电路性能的要求和工作环境的条件选用合适的元器件。元器件的技术条件、性能参数、质量等级等均应满足设备工作和环境的要求，并留有足够的余量；对关键元器件要进行用户对生产方的质量认定；仔细分析比较同类元器件在品种、规格、型号和制造厂商之间的差异，择优选择。要注意统计在使用过程中元器件所表现出来的性能与可靠性方面的数据，作为以后选用的依据。

3. 电子设备的气候防护。潮湿、盐雾、霉菌以及气压、污染气体对电子设备影响很大，其中潮湿的影响是最主要的。特别是在低温高湿条件下，空气湿度达到饱和时会使机内元器件、印制电路板上色和凝露现象，使电性能下降，故障上升。

4. 在控制设备设计阶段，首先，研究产品与零部件技术条件，分析产品设计参数，研讨和保证产品性能和使用条件，正确制定设计方案；其次，根据产量设定产品结构形式和产品类型。全面构思，周密设计产品的结构，使产品具有良好的操作维修性能和使用性能，以降低设备的维修费用和使用费用。

5.控制设备的散热防护。温度是影响电子设备可靠性最广泛的一个因素。电子设备工作时，其功率损失一般都以热能形式散发出来，尤其是一些耗散功率较大的元器件，如电子管、变压管、大功率晶体管、大功率电阻等。另外，当环境温度较高时，设备工作时产生的热能难以散发出去，将使设备温度升高。

综上所述，保证电气设备的可靠性是一个复杂的涉及广泛知识领域的系统工程。只有在设计上给予充分的重视，采取各种技术措施，同时，在使用过程中按照流程操作、及时保养，才会有满意的成果。

第六节　电气自动化控制技术系统的应用

一、电气自动化控制系统在工业生产中的应用

自从改革开放以来，我国的工业得到了迅速的发展，同时，在工业的发展中，逐渐在使用电气自动化控制系统。在过去传统的工业生产中，企业对人力、物力的投入很大，而且经常出现供不应求的局面，这在很大程度上影响了工业的生产效率。但是，从目前我国工业生产的发展现状来看，传统的机械设备已经逐渐被电气自动化设备取代，电气自动化设备不仅能够为工业生产节省大量的劳动力，又能提高工业生产的效率。由此可见，在工业生产中使用电气自动化控制

系统，能够给生产企业带来很大效益，从而保证生产企业的稳定发展。

二、电气自动化控制系统在农业生产中的应用

据相关调查显示，电气自动化控制系统被广泛地应用到了农业生产中，电气自动化控制系统在很大程度上加快了农业生产机械化的进程，提高了粮食产量，减少了粮食的浪费情况。与此同时，电气自动化技术提高了农业机械装备的可操作性，比如谷物干燥机和施肥播种机的电气自动化应用技术。另外，在微灌技术领域中，还要注意对微喷灌设备、滴灌设备的改进，从而保证部分地区实现自动化灌溉系统，从而提高粮食的产量。

三、电气自动化控制系统在服务行业中的应用

近年来，随着我国人们物质生活水平的不断提高，人们对服务业的要求越来越高。因此，企业为了提高自身的服务质量，就应该重视电气自动化控制技术，更好地为人们提供优质的服务。在日常生活中，电子产品被越来越多的人群所使用，电子产品中也被应用了电子自动化控制技术，比如手记、电能、跑步机、电梯等，这些电子产品给人们带来了很大的便利。再如，在自动取款机上也被使用了电气自动化控制技术，有效地提高了银行的服务效率。

四、电气自动化控制系统在电网系统中的应用

目前，电气自动化控制技术也被广泛地应用到了电网系

统中。电气自动化控制系统在电网系统中的应用主要指的就是通过计算机网络系统、服务器等来实现电网调度自动化控制的目的。在具体的电网系统中，通过电网的调动自动化技术，能够实现对相关数据的采集和整理，从而分析出电网的运行状态，最后，对电网系统做出一个整体的评价。总之，电网系统中使用电气自动化控制技术，顺应了时代发展的步伐，因此，相关研究人员应该加大对电气自动化控制技术在电网系统中的应用力度。

五、电气自动化控制系统在公路交通中的应用

目前，随着我国交通行业的快速发展，电气自动化控制系统被广泛地应用到了公路交通中。人们物质生活水平越来越高，私家车的拥有量也变得越来越多，因此，这给私家车的技术提出了更高的要求，很多汽车厂家都在使用自动化控制技术，只有这样才能保证自身的市场竞争地位。除此之外，电子警察、交通灯系统也在使用电气自动化控制技术，这给公路交通管制提供了较多的便利。

第三章　电气控制与 PLC 控制技术

第一节　可编程序控制器概述

可编程控制器（Programmable Logic Controller, PLC），是一种数字运算操作的电子系统，是在 20 世纪 60 年代末面向工业环境由美国科学家首先研制成功的。根据国际电工委员会（IEC）在 1987 年的可编程控制器国际标准第三稿中，对其定义如下："可编程控制器是一种数字运算操作的电子系统，专为在工业环境应用而设计的。"它采用可编程序的存储器，其内部存储执行逻辑运算、顺序控制、定时、计数和算术运算等操作指令，并通过数字的、模拟的输入和输出，控制各种类型的机械或生产过程。可编程序控制器及其有关设备，都是按易于与工业控制系统形成一体、易于扩充其功能的原则设计的。

PLC 自产生至今只有 30 多年的历史，却得到了迅速发展和广泛应用，成为当代工业自动化的主要支柱之一。

一、可编程序控制器产生与发展

现代社会要求生产厂家对市场的需求做出迅速的反应，生产出小批量、多品种、多规格、低成本和高质量的产品。

老式的继电器控制系统已无法满足这一要求，迫使人们去寻找一种新的控制装置取而代之。

1968 年，美国通用汽车公司（GM）为适应汽车型号的不断翻新，想寻找一种能减少重新设计控制系统和接线、降低成本、缩短时间的措施，并设想把计算机功能的完备、灵活通用和继电器控制系统的简单易懂、操作方便、价格便宜等优点结合起来，制成一种通用控制装置，并把计算机的编程方法和程序输入方式加以简化，用面向控制过程、面向用户的"自然语言"编程，使不熟悉计算机的人也能方便地使用。

1969 年美国数字设备公司（DEC）研制出了世界上第 1 台 PLC，并在 GM 公司的汽车自动装配线上首次使用，获得成功。从此，这项新技术便迅速发展起来。这种新型的工业控制装置以其简单易懂、操作方便、可靠性高、通用灵活、体积小、使用寿命长等一系列优点，很快推广到美国其他工业领域。到 1971 年，已经成功地应用于食品、饮料、冶金、造纸等工业。虽然 PLC 问世时间不长，但是随着微处理器的出现，大规模、超大规模集成电路技术的迅速发展和数据通信技术的不断进步，PLC 也迅速发展，其发展过程大致可分四代：

1971 年日本从美国引进了该项新技术，很快就研制出了日本第 1 台 PLC。1973—1974 年，西德和法国也相继研制出了自己的第 1 台 PLC。中国从 1974 年开始研制，1977 年应用于工业生产。限于当时的元器件条件和计算技术的发展水平，早期的 PLC 主要由分立元件和小规模集成电路组成。

第一代是 1969—1973 年，这一时期是 PLC 的初创时期。在这个时期，PLC 从有触点不可编程的硬接线顺序控制器发展成为小型机的无触点可编程逻辑控制器，可靠性与以往的继电器控制系统相比有很大提高，灵活性也有所增强。主要功能包括逻辑运算、计时、计数和顺序控制，CPU 由中小规模集成电路组成，存储器为磁芯存储器。

第二代 1974—1977 年，这一代是 PLC 的发展中期。在这个时期，由于 8 位单片 CPU 和集成存储器芯片的出现，PLC 得到了迅速发展和完善，并逐步趋向系列化和实用化，普遍应用于工业生产过程控制。PLC 除了原有功能外，又增加了数值运算、数据的传递和比较、模拟量的处理和控制等功能，可靠性进一步提高，开始具备自诊断功能。

第三代 1978—1983 年，PLC 进入成熟阶段。在这个时期，微型计算机行业已出现了 16 位 CPU，MCS-51 系列单片机也由 Intel 公司推出，使 PLC 也开始朝着大规模、高速度和高性能方向发展，PLC 的生产量在国际上每年以 30% 的递增量迅速增长。在结构上，PLC 除了采用微处理器及 EPROM，EE-PROM，CMCS RAM 等 LSI 电路外，还向多微处理器发展，使 PLC 的功能和处理速度大大提高；PLC 的功能又增加了浮点运算、平方、三角函数、相关数、查表、列表、脉宽调制变换等，初步形成了分布式可编程控制器的网络系统，具有通信功能和远程 I/O 处理能力，编程语言较规范和标准化。此外，自诊断功能及容错技术发展迅速，使 PLC 系统的可靠性得到了进一步提高。

第四代是 1984 年至今，PLC 的规模更大，存储器的容量又提高了 1 个数量级 (最高可达 896 K)，有的 PLC 已采用了 32 位微处理器，多台 PLC 可与大系统一起连成整体的分布式控制系统，在软件方面有的已与通用计算机系统兼容。编程语言除了传统的梯形图、流程图语句表外，还有用于算术的

BASIC 语言、用于机床控制的数控语言等。在人机接口方面，采用了现实信息等更多直观的 CRT，完全代替了原来的仪表盘，使用户的编程和操作更加方便灵活。PLC 的 I/O 模件一方面发展自带微处理器的智能 I/O 模件，另一方面也注意增大 I/O 点数，以适应控制范围的增大和在系统中使用 A/D，D/A 通信及其他特殊功能模件的需要。同时，各 PLC 生产厂家还注意提高 I/O 的密集度，生产高密度的 I/O 模件，以节省空间，降低系统的成本。据统计，在世界范围内，PLC 平均每 5 a 更新换代 1 次。

第一代 PLC 功能太弱，已基本淘汰；第四代 PLC 面向复杂大型系统，应用还不广泛。目前，在各行业应用最多的是第二、第三代产品。另外，在 PLC 的发展过程中，产生了三类按 I/O 点分类的 PLC：小型、中型、大型。一般小于 256 点为小型（小于 64 为超小型或微型 PLC）。控制点不大于 2048 点为中型 PLC，2048 点以上为大型 PLLC（超过 8192 点为超大型 PLC）。

二、可编程控制器研究现状

(一) 国外可编程控制器研究现状

目前，全世界有 PLC 生产厂家约 200 家，生产 300 多个品种全球 PLC 发运件数 1998 年为 1456 万件，1999 年为 1620 万件，2000 年达到 1778 万件。在 1995 年发运的 PLC 中，按最终用户分：汽车占 23%，粮食加工占 16.4%，化学药品占 14.6%，金属、矿山占 11.5%，纸浆、造纸占 11.3%，其他占 23.2%。而且随着 PLC 与 IPC、DCS 集成，PLC 逐渐成为占自动化装置及过程控制系统最大市场份额的产品。2000 年 PLC 的销售额在控制市场份额中超过 50%。在全球 PLC 制造商中，根据美国 Automation Researh Control（RAC）调查，世界 PLC 领导厂家的五霸分别为 Siemens（西门子）公司、Allen—Bradley（A—B）公司、Schneider（施耐德）公司、Mitsubishi（三菱）公司、Omron（欧姆龙）公司，他们的销售额约占全球总销售额的三分之二。从西门子公司的 SIMATIC7S—400 的性能可对 PLC 窥见一斑：SIMATIC57—400 是匣式封装模块，可卡在导轨上安装，由 0 总线和通信总线建立电气连接，模块可在工作或加电时替换或插、拔，可快速安装维护，修改方便，其主要性能有：

1. CPU 存储器容量 64K 字节，可扩展到 1.6M 字节。

2.位和字处理速度 80ns 至 200ns。

3.最高系统计算能力可以有 4 个 CPU 同时计算。

4.强大的扩展能力 57—400 中央控制器最多能连接 21 个扩展单元。

5.每个 CPU 上多点接口（MPD 能力，可同时连接编程装置、操作员接口系统等

6.CPU 上的 SINEC—2L—DP 附加有分散 I/O 的集成性能。

7.提供与计算机和其他 Siemens 产品或系统的连接接口。

8.高可靠性，完善的自诊断和清除故障功能。

（二）国内可编程控制器研究现状

我国的 PLC 生产目前也有一定的发展，小型 PLC 已批量生产；中型 PLC 已有产品；大型 PLC 已经开始研制。有的产品不仅供应国内市场，而且还有出口。国内 PLC 形成产品化

的生产企业约 30 多家，主要生产单位有：苏州电子计算机厂、苏州机床电器厂、上海香岛机电制造有限公司、天津市自动化仪表厂、杭州通灵控制电脑公司、北京机械工业自动化所和江苏嘉华实业有限公司等。但是国内产品市场占有率不超过 10%，1996 年中国 PLC 销售约 9 万套，进口 8 万套，总计约合人民币 15 亿元。另外，国产 PLC 许多仍停留在全套引进或以仿制为主的阶段上，这种方式在研究开始是必要的，但是停留在这个水平上是绝对不可取的。当然，国内产品在价格上占有明显的优势。对于国内 PLC 的认识，可以从江苏嘉华实业有限公司生产的 JH120 系列产品窥见一斑，其主要性能有：

1.输入输出从 20 点到 120 点任意配置

2.内置 32 个定时器、31 个计数器、几百个中间继电器和数据寄存器，可方便地完成逻辑控制、定时、计数控制、高速计数、数据处理、模拟量控制等功能

3.编程简便，108 条指令功能齐全

4.DNI 标准卡槽安装，可拆端子排接线

5.高可靠性，强抗干扰用于各种工业环境

总体来说，国产 PLC 的发展有一定的基础。但从产品结构上看，我国自主研制及引进技术生产的 PLC 大都属于中低档产品，至今没有形成主流产品和完整的系列产品。

三、可编程控制器组成部分、分类及特点

（一）可编程序控制器组成部分

PLC 可编程控制器由硬件系统和软件系统两个部分组成，

其中硬件系统可分为中央处理器和储存器两个部分，软件系统则为 PLC 软件程序和 PLC 变成语言两个部分。

1.软件系统

(1) PLC 软件：PLC 可编程控制器的软件系统由 PLC 软件和编程语言组成，PLC 软件运行主要依靠系统程序和编程语言。一般情况下，控制器的系统程序在出厂前就已经被锁定在了 ROM 系统程序的储存设备中。

(2) PLC 编程语言：PLC 编程语言主要用于辅助 PLC 软件的运作和使用，它的运作原理是利用编程元件继电器代替实际原件继电器进行运作，将编程逻辑转化为软件形式存在于系统当中，从而帮助 PLC 软件运作和使用。

2.硬件结构

(1) 中央处理器：中央处理器在 PLC 可编程控制器中的作用相当于人体的大脑，用于控制系统运行的逻辑，执行运算和控制。它也是由两个部分组成，分别是运算系统和控制系统，运算系统执行数据运算和分析，控制系统则根据运算结果和编程逻辑执行对生产线的控制、优化和监督。

(2) 储存器：储存器主要执行数据储存、程序变动储存、逻辑变量以及工作信息等，储存系统也用于储存系统软件，这一储存器叫作程序储存器。PLC 可编程控制器中的储存硬件在出厂前就已经设定好了系统程序，而且整个控制器的系统软件也已经被储存在了储存器中。

(3) 输入街出：输入街出执行数据输入和输入，它是系统与现场的 I/O 装置或别的设备进行连接的重要硬件装置，是实现信息输入和指令输出的重要环节。PLC 将工业生产和流水线运作的各类数据传送到主机当中，而后由主机中程序执行运算和操作，再将运算结果传送到输入模块，最后再由输入模块将中央处理器发出的执行命令转化为控制工业此案长的强电信号，控制电磁阀、电机以及接触器执行输出指令。

(二) 可编程序控制器分类

PLC 产品种类繁多，其规格和性能也各不相同。对 PLC 的分类，通常根据其结构形式的不同、功能的差异和 I/O 点数的多少等进行大致分类。

1.按结构形式分类

根据 PLC 的结构形式，可将 PLC 分为整体式和模块式两类。

(1) 整体式 PLC 是将 CPU、存储器、I/O 部件等组成部分集中于一体，安装在印刷电路板上，并连同电源一起装在一个机壳内，形成一个整体，通常称为主机或基本单元。整体式结构的 PLC 具有结构紧凑、体积小、重量轻、价格低的优点。一般小型或超小型 PLC 多采用这种结构。整体式 PLC 由不同 I/O 点数的基本单元 (又称主机) 和扩展单元组成。基本单元内有 CPU、I/O 接口、与 I/O 扩展单元相连的扩展口，以及与编程器或 EPROM 写入器相连的接口等。扩展单元内除了 I/O 和电源等，没有其他的外设。基本单元和扩展单元之间一般用扁平电缆连接。整体式 PLC 一般还可配备特殊功能单元，如模拟量单元、位置控制单元等，使其功能得以扩展。

(2) 模块式 PLC 是把各个组成部分做成独立的模块，如 CPU 模块、输入模块、输出模块、电源模块等。各模块作成插件式，并将组装在一个具有标准尺寸并带有若干插槽的机架内。模块式 PLC 由框架或基板和各种模块组成。模块装在框架或基板的插座上。这种模块式 PLC 的特点是配置灵活，装配和维修方便，易于扩展。大、中型 PLC 一般采用模块式结构。

还有一些 PLC 将整体式和模块式的特点结合起来，构成所谓叠装式 PLC。叠装式 PLC 其 CPU、电源、I/O 接口等也是各自独立的模块，但它们之间是靠电缆进行连接，并且各模块可以一层层地叠装。这样，不但可以灵活配置系统，还可做得体积小巧。

2.按功能分类

根据 PLC 所具有的不同功能，可将 PLC 分为低档、中档、高档三类。

(1) 低档 PLC 具有逻辑运算、定时、计数、移位以及自诊断、监控等基本功能，还具有实现少量模拟量输入 / 输出、算术运算、数据传送和比较、通信的功能。主要用在逻辑控制、顺序控制或少量模拟量控制的单机控制系统中。

(2) 中档 PLC 不仅具有低档 PLC 的功能外，还具有模拟量输入 / 输出、算术运算、数据传送和比较、数制转换、远程 I/O、子程序、通信联网等强大的功能。有些还可增设中断控制、PID 控制等功能，比较适用于复杂控制系统中。

(3) 高档 PLC 不仅具有中档机的功能外，还增加了带符号算术运算、矩阵运算、位逻辑运算、平方根运算及其他特殊功能函数的运算、制表及表格传送等功能。高档 PLC 机具有更强的通信联网功能，可用于大规模过程控制或构成分布式网络控制系统，实现工厂自动化控制。

3.按 I/O 点数分类

可编程控制器用于对外部设备的控制，外部信号的输入、

PLC 的运算结果的输出都要通过 PLC 输入输出端子来进行接线，输入、输出端子的数目之和被称作 PLC 的输入、输出点数，简称 I/O 点数。根据 PLC 的 I/O 点数的多少，可将 PLC 分为小型、中型和大型三类。

（1）小型 PLC——I/O 点数 < 256 点；单 CPU、8 位或 16 位处理器、用户存储器容量 4K 字以下。如 GE–I 型（美国通用电气（GE）公司），TI100（美国得州仪器公司），F、F1、F2（日本三菱电气公司）等。

（2）中型 PLC——I/O 点数 256－2048 点；双 CPU，用户存储器容量 2－8K。如 S7-300（德国西门子公司），SR-400（中外合资无锡华光电子工业有限公司），SU-5、SU-6（德国西门子公司）等。

（3）大型 PLC——I/O 点数 > 2048 点；多 CPU，16 位、32 位处理器，用户存储器容量 8－16K。如 S7-400（德国西门子公司）、GE- Ⅳ（ GE 公司）、C-2000（立石公司）、K3（三菱公司）等。

（三）可编程序控制器特点

1. 通用性强，使用方便。由于 PLC 产品的系列化和模块化，PLC 配备有品种齐全的各种硬件装置供用户选用。当控制对象的硬件配置确定以后，就可通过修改用户程序，方便快速地适应工艺条件的变化。

2. 功能性强，适应面广。现代 PLC 不仅具有逻辑运算、计时、计数、顺序控制等功能，而且还具有 A/D 和 D/A 转换、数值运算、数据处理等功能。因此，它既可对开关量进行控制，也可对模拟量进行控制，既可控制 1 台生产机械、1 条生产线，也可控制 1 个生产过程。PLC 还具有通信联络功能，可与上位计算机构成分布式控制系统，实现遥控功能。

3. 可靠性高，抗干扰能力强。绝大多数用户都将可靠性作为选择控制装置的首要条件。针对 PLC 是专为在工业环境下应用而设计的，故采取了一系列硬件和软件抗干扰措施。硬件方面，隔离是抗干扰的主要措施之一。PLC 的输入、输出电路一般用光电耦合器来传递信号，使外部电路与 CPU 之间无电路联系，有效地抑制了外部干扰源对 PLC 的影响，同时，还可以防止外部高电压窜入 CPU 模块。滤波是抗干扰的另一主要措施，在 PLC 的电源电路和 I/O 模块中，设置了多种滤波电路，对高频干扰信号有良好的抑制作用。软件方面，设置故障检测与诊断程序。采用以上抗干扰措施后，一般 PLC 平均无故障时间高达 4 万－5 万 h。

4. 编程方法简单，容易掌握。 PLC 配备有易于接受和掌握的梯形图语言。该语言编程元件的符号和表达方式与继电器控制电路原理图相当接近。

5. 控制系统的设计、安装、调试和维修方便。 PLC 用软件功能取代了继电器控制系统中大量的中间继电器、时间继电器、计数器等部件，控制柜的设计、安装接线工作量大为减少。PLC 的用户程序大都可以在实验室模拟调试，调试好后再将 PLC 控制系统安装到生产现场，进行联机统调。在维修方面，PLC 的故障率很低，且有完善的诊断和实现功能，一旦 PLC 外部的输入装置和执行机构发生故障，就可根据 PLC 上发光二极管或编程器上提供的信息，迅速查明原因。若是 PLC 本身问题，则可更换模块，迅速排除故障，维修极为方便。

6. 体积小、质量小、功耗低。由于 PLC 是将微电子技术应用于工业控制设备的新型产品，因而结构紧凑，坚固，体积小，质量小，功耗低，而且具有很好的抗震性和适应环境温度、湿度变化的能力。因此，PLC 很容易装入机械设备内部，是实现机电一体化较理想的控制设备。

四、可编程控制器工作原理

可编程控制器通电后，需要对硬件及其使用资源做一些初始化的工作，为了使可编程控制器的输出即时地响应各种输入信号，初始化后系统反复不停地分阶段处理各种不同的任务，这种周而复始的工作方式称为扫描工作方式。根据 PLC 的运行方式和主要构成特点来讲，PLC 实际上是一种计算机软件，且是用于控制程序的计算机系统，它的主要优势在于比普通的计算机系统拥有更为强大的工程过程借口，这种程序更加适合于工业环境。PLC 的运作方式属于重复运作，主要通过循序扫描以及循环工作来实现，在主机程序的控制下，PLC 可以重复对目标进行信

(一) 系统初始化

PLC 上电后，要进行对 CPU 及各种资源的初始化处理，包括清除 I/O 映像区、变量存储器区、复位所有定时器，检查 I/O 模块的连接等。

(二) 读取输入

在可编程序控制器的存储器中，设置了一片区域来存放输入信号和输出信号的状态，它们分别称为输入映像寄存器和输出映像寄存器。在读取输入阶段，可编程序控制器把所有外部数字量输入电路的 ON/OFF（1/0）状态读入输入映像寄

存器。外接的输入电路闭合时，对应的输入映像寄存器为1状态，梯形图中对应输入点的常开触点接通，常闭触点断开。外接的输入电路断开时，对应的输入映像寄存器为0状态，梯形图中对应输入点的常开触点断开，常闭触点接通。

(三) 执行用户程序

可编程序控制器的用户程序由若干条指令组成，指令在存储器中按顺序排列。在用户程序执行阶段，在没有跳转指令时，CPU从第一条指令开始，逐条顺序地执行用户程序，直至遇到结束 (END) 指令。遇到结束指令时，CPU检查系统的智能模块是否需要服务。

在执行指令时，从I/O映像寄存器或别的位元件的映像寄存器读出其0/1状态，并根据指令的要求执行相应的逻辑运算，运算的结果写入相应的映像寄存器中。因此，各映像寄存器 (只读的输入映像寄存器除外) 的内容随着程序的执行而变化。

在程序执行阶段，即使外部输入信号的状态发生了变化，输入映像寄存器的状态也不会随之而变，输入信号变化了的状态只能在下一个扫描周期的读取输入阶段被读入。执行程序时，对输入／输出的存取通常是通过映像寄存器，而不是实际的I/O点，这样做有以下好处：程序执行阶段的输入值是固定的，程序执行完后再用输出映像寄存器的值更新输出点，使系统的运行稳定；用户程序读写I/O映像寄存器比读写I/O点快得多，这样可以提高程序的执行速度；I/O点必须按位来存取，而映像寄存器可按位、字节来存取，灵活性好。

(四) 通信处理

在智能模块及通信信息处理阶段，CPU 模块检查智能模块是否需要服务，如果需要，读取智能模块的信息并存放在缓冲区中，供下一扫描周期使用。在通信信息处理阶段，CPU 处理通信口接收到的信息，在适当的时候将信息传送给通信请求方。

(五) CPU 自诊断测试

自诊断测试包括定期检查 EPROM、用户程序存储器、I/O 模块状态以及 I/O 扩展总线的一致性，将监控定时器复位，以及完成一些别的内部工作。

(六) 修改输出

CPU 执行完用户程序后，将输出映像寄存器的 0/1 状态传送到输出模块并锁存起来。梯形图中某一输出位的线圈"通电"时，对应的输出映像寄存器为 1 状态。信号经输出模块隔离和功率放大后，继电器型输出模块中对应的硬件继电器的线圈通电，其常开触点闭合，使外部负载通电工作。若梯形图中输出点的线圈"断电"，对应的输出映像寄存器中存放的二进制数为 0，将它送到物理输出模块，对应的硬件继电器的线圈断电，其常开触点断开，外部负载断电，停止工作。

(七) 中断程序处理

如果 PLC 提供中断服务，而用户在程序中使用了中断，中断事件发生时立即执行中断程序，中断程序可能在扫描周期的任意时刻上被执行。

(八) 立即 I/O 处理

在程序执行过程中使用立即 I/O 指令可以直接存取 I/O 点。用立即 I/O 指令读输入点的值时，相应的输入映像寄存器的值未被更新。用立即 I/O 指令来改写输出点时，相应的输出映像寄存器的值被更新。

五、可编程控制器应用领域

在发达的工业国家，PLC 已经广泛应用于钢铁、石油、化工、电力、建材、机械制造、汽车、轻纺、交通运输、环保及文化娱乐等各行各业。随着 PLC 性能价格比的不断提高，一些过去使用专用计算机的场合，也转向使用 PLC。PLC 的应用范围在不断扩大，可归纳为如下几个方面。

1. 开关量的逻辑控制：这是 PLC 最基本最广泛的应用领域。PLC 取代继电器控制系统，实现逻辑控制。例如：机床电气控制，冲床、铸造机械、运输带、包装机械的控制，注塑机的控制，化工系统中各种泵和电磁阀的控制，冶金企业的高炉上料系统、轧机、连铸机、飞剪的控制，电镀生产线、啤酒灌装生产线、汽车配装线、电视机和收音机的生产线控制等。

2. 运动控制：PLC 可用于对直线运动或圆周运动的控制。早期直接用开关量 I/O 模块连接位置传感器与执行机构，现在一般使用专用的运动控制模块。这类模块一般带有微处理器，用来控制运动物体的位置、速度和加速度，它可以控制直线运动或旋转运动、单轴或多轴运动。它们使运动控制与可编程控制器的顺序控制功能有机地结合在一起，被广泛地应用在机床、装配机械等场合。

世界上各主要 PLC 厂家生产的 PLC 几乎都有运动控制功能。如日本三菱公司的 FX 系列 PLC 的 FX2N－1PG 是脉冲输出模块，可作 1 轴块从位置传感器得到当前的位置值，并与给定值相比较，比较的结果用来控制步进电动机的驱动装置。一台 FX2N 可接 8 块 FX2N－1PG。

3. 闭环过程控制：在工业生产中，一般用闭环控制方法来控制温度、压力、流量、速度这一类连续变化的模拟量，无论是使用模拟调节器的模拟控制系统还是使用计算机（包括 PLC）的控制系统，PID（Proportional Integral Differential，即比例—积分—微分调节）都因其良好的控制效果，得到了广泛的应用。PLC 通过模拟量 I/O 模块实现模拟量与数字量之间的 A/D，D/A 转换，并对模拟量进行闭环 PID 控制，可用 PID 子程序来实现，也可使用专用的 PID 模块。PLC 的模拟量控制功能已经广泛应用于塑料挤压成型机、加热炉、热处理炉、锅炉等设备，还广泛地应用于轻工、化工、机械、冶金、电力和建材等行业。

利用可编程控制器（PLC）实现对模拟量的 PID 闭环控制，具有性价比高、用户使用方便、可靠性高、抗干扰能力强等特点。用 PLC 对模拟量进行数字 PID 控制时，可采用三种方法：使用 PID 过程控制模块；使用 PLC 内部的 PID 功能指令；或者用户自己编制 PID 控制程序。前两种方法要么价格昂贵，在大型控制系统中才使用；要么算法固定，不够灵活。因此，如果有的 PLC 没有 PI 功能指令，或者虽然可以使用 PID 指令，但是希望采用其他的 PID 控制算法，则可采用第三种方法，即自编 PID 控制程序。

PLC 在模拟量的数字 PID 控制中的控制特征是：由 PLC

自动采样，同时将采样的信号转换为适于运算的数字量，存放在指定的数据寄存器中，由数据处理指令调用、计算处理后，由 PLC 自动送出。其 PID 控制规律可由梯形图程序来实现，因而有很强的灵活性和适应性，一些原在模拟 PID 控制器中无法实现的问题在引入 PLC 的数字 PID 控制后就可以得到解决。

4.数据处理：现代的 PLC 具有数学运算、数据传递、转换、排序和查表、位操作等功能，可以完成数据的采集、分析和处理。这些数据可以与储存在存储器中的参考值比较，也可以用通信功能传送到别的智能装置，或将其打印制表。数据处理一般用在大、中型控制系统，如柔性制造系统、过程控制系统等。

5.机器人控制：机器人作为工业过程自动生产线中的重要设备，已成为未来工业生产自动化的三大支柱之一。现在许多机器人制造公司，选用 PLC 作为机器人控制器来控制各种机械动作。随着 PLC 体积进一步缩小，功能进一步增强，PLC 在机器人控制中的应用必将更加普遍。

6.通信联网：PLC 的通信包括 PLC 之间的通信、PLC 与上位计算机和其他智能设备之间的通信。PLC 和计算机具有接口，用双绞线、同轴电缆或光缆将其联成网络，以实现信息的交换，并可构成"集中管理，分散控制"的分布式控制系统。目前 PLC 与 PLC 的通信网络是各厂家专用的。PLC 与计算机之间的通信，一些 PLC 生产厂家采用工业标准总线，并向标准通信协议靠拢。

六、可编程控制器发展趋势

(一) 传统可编程序控制器发展趋势

1.技术发展迅速，产品更新换代快：随着微子技术、计算机技术和通信技术的不断发展，PLC 的结构和功能不断改进，生产厂家不断推出功能更强的 PLC 新产品，平均 3—5 年更新换代 1 次。PLC 的发展有两个重要趋势：

(1) 向体积更小、速度更快、功能更强、价格更低的微型化发展，以适应复杂单机、数控机床和工业机器人等领域的控制要求，实现机电一体化；

(2) 向大型化、复杂化、多功能、分散型、多层分布式工厂全自动网络化方向发展。例如：美国 GE 公司推出的 Gen-ettwo 工厂全自动化网络系统，不仅具有逻辑运算、计时、计数等功能，还具有数值运算、模拟量控制、监控、计算机接口、数据传递等功能，而且还能进行中断控制、智能控制、过程控制、远程控制等。该系统配置了 GE/BASIC 语言，向上能与上位计算机进行数据通信，向下不仅能直接控制 CNC 数控机床、机器人，还可通过下级 PLC 去控制执行机构。在操作台上如果配备该公司的 Factory Master 数据采集和分析系统、Viewaster 彩色图像系统，则管理、控制整个工厂十分方便。

2. 开发各种智能模块，增强过程控制功能：智能 I/O 模块是以微处理器为基础的功能部件。它们的 CPU 与 PLC 的主 CPU 并行工作，占用主机 CPU 的时间很少，有利于提高 PLC 的扫描速度。智能模块主要有模拟量 I/O、PID 回路控制、通信控制、机械运动控制等，高速计数、中断输入、BA-SIC 和 C 语言组件等。智能 I/O 的应用，使过程控制功能增强。某些

PLC 的过程控制还具有自适应、参数自整定功能，使调试时间减少，控制精度提高。

3.与个人计算机相结合：目前，个人计算机主要用作 PLC 的编程器、操作站或人 / 机接口终端，其发展是使 PLC 具备计算机的功能。大型 PLC 采用功能很强的微处理器和大容量存储器，将逻辑控制、模拟量控制、数学运算和通信功能紧密结合在一起。这样，PLC 与个人计算机、工业控制计算机、集散控制系统在功能和应用方面相互渗透，使控制系统的性能价格比不断提高。

4.通信联网功能不断增强 PLC 的通信联网功能使 PLC 与 PLC 之间，PLC 与计算机之间交换信息，形成一个统一的整体，实现分散集中控制。

5.发展新的编程语言，增加容错功能改善和发展新的编程语言、高性能的外部设备和图形监控技术构成的人 / 机对话技术，除梯形图、流程图、专用语言指令外，还增加了 BASIC 语言的编程功能和容错功能。如双机热备、自动切换 I/O、双机表决 (当输入状态与 PLC 逻辑状态比较出错时，自动断开该输出)、I/O 三重表决 (对 I/O 状态进行软硬件表决，取两台相同的) 等，以满足极高可靠性要求。

6.不断规范化、标准化 PLC 厂家在对硬件与编程工具不断升级的同时，日益向制造自动化协议 (MAP) 靠拢，并使 PLC 的基本部件 (如输入输出模块、接线端子、通信协议、编程语言和编程工具等) 的技术规范化、标准化，使不同产品互相兼容、易于组网，以真正方便用户，实现工厂生产的自动化。

(二) 新型可编程序控制器发展趋势

目前，人们正致力于寻求开放型的硬件或软件平台，新一代 PLC 以下主要有两种发展趋势。

1.向大型网络化、综合化方向发展

实现信息管理和工业生产相结合的综合自动化是 PLC 技术发展的趋势。现代工业自动化已不再局限于某些生产过程的自动化，采用 32 位微处理器的多 CPU 并行工作和大容量存储器的超大型 PLC 可实现超万点的工 /O 控制，大中型 PLC 具有如下功能：函数运算、浮点运算、数据处理、文字处理、队列、阵运算、P 工 D 运算、超前补偿、滞后补偿、多段斜坡曲线生成、处方、配方、批处理、故障搜索、自诊断等。强化通信能力和网络化功能是大型 PLC 发展的一个重要方面。主要表现在：向下将多个 PLC 与远程工 /O 站点相连，向上与工控机或管理计算机相连构成整个工厂的自动化控制系统。

2.向速度快、功能强的小型化方向发展

当前小型化 PLC 在工业控制领域具有不可替代的地位，随着应用范围的扩大，体积小、速度快、功能强、价格低的 PLC 广泛应用到工控领域的各个层面。小型 PLC 将由整体化结构向模块化结构发展，系统配置的灵活性得以增强。小型化发展具体表现在：结构上的更新、物理尺寸的缩小、运算速度的提高、网络功能的加强、价格成本的降低。小型 PLC 的功能得到进一步强化，可直接安装在机器内部，适用于回路或设备的单机控制，不仅能够完成开关量的 I/O 控制，还可以实现高速计数、高速脉冲输出、PWM 波输出、中断控制、P 工 D 控制、网络通信等功能，更利于机电一体化的形成。

现代 PLC 在模块功能、运算速度、结构规模以及网络通信等方面都有了跨越式发展，它与计算机、通信、网络、半导体集成、控制、显示等技术的发展密切相关。PLC 已经融入了工 PC 和 DCS 的特点。面对激烈的技术市场竞争，PLC 面临其他控制新技术和新设备所带来的冲击，PLC 必须不断融入新技术、新方法，结合自身的特点，推陈出新，功能更加完善。PLC 技术的不断进步，加之在网络通信技术方面出现新的突破，新一代 PLC 将能够更好地满足各种工业自动化控制的需要，其技术发展趋势有如下特点：

(1) 网络化

PLC 相互之间以及 PLC 与计算机之间的通信是 PLC 的网络通信所包含的内容。人们在不断制订与完善通用的通信标准，以加强 PLC 的联网通信能力。PLC 典型的网络拓扑结构为设备控制、过程控制和信息管理 3 个层次，工业自动化使用最多、应用范围最广泛的自动化控制网络便是 PLC 及其网络。

人们把现场总线引入设备控制层后，工业生产过程现场的检测仪表、变频器等现场设备可直接与 PLC 相连；过程控制层配置工具软件，人机界面功能更加友好、方便；具有工艺流程、动态画面、趋势图生成等显示功能和各类报表制作等多种功能，还可使 PLC 实现跨地区的监控、编程、诊断、管理，实现工厂的整体自动化控制；信息管理层使控制与信息管理融为一体。在制造业自动化通信协议规约的推动下，PLC 网络中的以太网通信将会越来越重要。

(2) 模块多样化和智能化

各厂家拥有多样的系列化 PLC 产品，形成了应用灵活，使用简便、通用性和兼容性更强的用户的系统配置。智能的输入／输出模块不依赖主机，通常也具有中央处理单元、存储器、输入／输出单元以及与外部设备的接口，内部总线将它们连接起来。智能输入／输出模块在自身系统程序的管理下，进行现场信号的检测、处理和控制，并通过外部设备接口与 PLC 主机的输入／输出扩展接口连接，从而实现与主机的通信。智能输入／输出模块既可以处理快速变化的现场信号，还可使 PLC 主机能够执行更多的应用程序。

适应各种特殊功能需要的各种智能模块，如智能 PID 模块、高速计数模块、温度检测模块、位置检测模块、运动控制模块、远程 I/O 模块、通信和人机接口模块等，其 CPI 与 PLC 的 CPU 并行工作，占用主机的 CPU 时间很少，可以提高 PLC 的扫描速度和完成特殊的控制要求。智能模块的出现，扩展了 PLC 功能，扩大了 PLC 应用范围，从而使得系统的设计更加灵活方便。

（3）高性能和高可靠性

如果 PLC 具有更大的存储容量、更高的运行速度和实时通信能力，必然可以提高 PLC 的处理能力、增强控制功能和范围。高速度包括运算速度、交换数据、编程设备服务处理高以及外部设备响应等方面的高速化，运行速度和存储容量是 PLC 非常重要的性能指标。

自诊断技术、冗余技术、容错技术在 PLC 中得到广泛应用，在 PLC 控制系统发生的故障中，外部故障发生率远远大于内部故障的发生率。PLC 内部故障通过 PLC 本身的软、硬件能够实现检测与处理，检测外部故障的专用智能模块将进一步提高控制系统的可靠性，具有容错和冗余性能的 PLC 技术将得以发展。

(4) 编程朝着多样化、高级化方向发展

硬件结构的不断发展和功能的不断提高，PLC 编程语言，除了梯形图、语句表外，还出现了面向顺序控制的步进编程语言、面向过程控制的流程图语言以及与微机兼容的高级语言等，将满足适应各种控制要求。另外，功能更强、通用的组态软件将不断改善开发环境，提高开发效率。PLC 技术进步的发展趋势也将是多种编程语言的并存、互补与发展。

(5) 集成化

所谓软件集成，就是将 PLC 的编程、操作界面、程序调试、故障诊断和处理、通信等集于一体。监控软件集成，系统将实现直接从生产中获得大量实时数据，并将数据加以分析后传送到管理层；此外，它还能将过程优化数据和生产过程的参数迅速地反馈到控制层。现在，系统的软、硬件只需通过模块化、系列化组合，便可在集成化的控制平台上"私人定制"的客户需要的控制系统，包括 PLC 控制系统、伺服控制系统、DCS 系统以及 SCADA 系统等，系统维护更加方便。将来，PLC 技术将会集成更多的系统功能，逐渐降低用户的使用难度，缩短开发周期以及降低开发成本，以满足工业用户的需求。在一个集成自动化系统中，设备间能够最大限度地实现资源的利用与共享。

(6) 开放性与兼容性

信息相互交流的即时性、流通性对于工业控制系统而言，要求越来越高，系统整体性能更重要，人们更加注重 PLC 和周边设备的配合，用户对开放性要求强烈。系统不开放和不兼容会令用户难以充分利用自动化技术，给系统集成、系统升级和信息管理带来困难和附加成本。PLC 的品质既要看其内在技术是否先进，还需考察其符合国际标准化的程度和水平。标准化既可保证产品质量，也将保证各厂家产品之间的兼容性、开放性。编程软件统一、系统集成接口统一、网络和通信协议统一是 PLC 的开放性主要体现。目前，总线技术和以太网技术的协议是公开的，它为支持各种协议的 PLC 开放，提供了良好的条件。国际标准化组织提出的开放系统互联参考模型 O 钮，通信协议的标准化使各制造厂商的产品相互通信，促进 PLC 在开放功能上有较大发展。PLC 的开放性涉及通信协议、可靠性、技术保密性、厂家商业利益等众多问题，PLC 的完全开放还有很长的路要走。PLC 的开放性会使其更好地与其他控制系统集成，这是 PLC 未来的主要发展方向之一。

系统开放可使第三方软件在符合开放系统互联标准的 PLC 上得到移植；采用标准化的软件可大大缩短系统开发时间，提高系统的可靠性。软件的发展也表现在通信软件的应用上，近年推出的 PLC 都具有开放系统互联和通信的功能。标准编程方法将会使软件更容易操作和学习，软件开发工具和支持软件也相应地得到更广泛的应用。维护软件功能的增强，降低了维护人员的技能要求，减少了培训费用。面向对象的控件和 OCP 技术等高新技术被广泛应用于软件产品中。PLC 已经开始采用标准化的软件系统，高级语言编程也正逐步形成，为进一步的软件开放打下了基础。

（7）集成安全技术应用

集成安全基本原理是能够感知非正常工作状态并采取动作。安全集成系统与 PLC 标准控制系统共存，它们共享一个数据网络，安全集成系统的逻辑在 PLC 和智能驱动器硬件上运行。安全控制系统包括安全输入设备，例如急停按钮、安全门限位开关或连锁开关、安全光栅或光幕、双手控制按钮；安全控制电气元件，例如安全继电器、安全 PLC、安全总线；安全输出控制，例如主回路中的接触器、继电器、阀等。

　　PLC 控制系统的安全性也越来越得到重视，安全 PLC 控制系统就是专门为条件苛刻的任务或安全应用而设计的。安全 PLC 控制系统在其失效时不会对人员或过程安全带来危险。安全技术集成到伺服驱动系统中，便可以提供最短反应时间，设定的安全相关数据在两个独立微处理器的通道中被传输和处理。如果发现某个通道中有监视参数存在误差时，驱动系统就会进入安全模式。PLC 控制系统的安全技术要求系统具有自诊断能力，可以监测硬件状态、程序执行状态和操作系统状态，保护安全 PLC 不受来自外界的干扰。

　　在 PLC 安全技术方面，各厂商在不断研发和推出安全 PLC 产品，例如在标准工 /O 组中加上内嵌安全功能的 I/O 模块，通过编程组态来实现安全控制，从而构成了全集成的安全系统。这种基于 Ethernet Power Link 的安全系统是一种集成的模块化的安全技术，成为可靠、高效的生产过程的安全保障。

　　由于安全集成系统与控制系统共享一条数据总线或者一些硬件，系统的数据传输和处理速度可以大幅度提高，同时还节省了大量布线、安装、试运行及维护成本。罗克韦尔推出了模块式与分布式的安全 PLC，西门子的安全 PLC 业已应用于汽车制造系统中。可以预见，安全 PLC 技术将会广泛应用于汽车、机床、机械、船舶、石化、电厂等领域。

第二节 软 PLC 技术

软 PLC 技术是目前国际工业自动化领域逐渐兴起的一项基于 PC 的新型控制技术。与传统硬 PLC 相比，软 PLC 具有更强的数据处理能力和强大的网络通信能力并具有开放的体系结构。目前，传统硬 PLC 控制系统已广泛应用于机械制造、工程机械、农林机械、矿山、冶金、石油化工、交通运输、海洋作业、军事器械以及航空航天和原子能等技术领域。但是，随着近几年计算机技术、通信和网络技术、微处理器技术、人机界面技术等迅速发展，工业自动化领域对开放式控制器和开放式控制系统的需求更加迫切，硬件和软件体系结构封闭的传统硬 PLC 遇到了严峻的挑战。由于软 PLC 技术能够较好地满足和适应现代工业自动化技术的要求以及用户对开放式控制系统的需求，目前美国、德国等一些西方发达国家都非常重视软 PLC 技术的研究与应用，并开始有成熟的产品出现。

一、软 PLC 技术产生的背景

长期以来，计算机控制和传统 PLC 控制一直是工业控制领域的两种主要控制方法。PLC 自 1969 年问世以来，以其功能强、可靠性高、使用方便、体积小等优点在工业自动化领域得到迅速推广，成为工业自动化领域中极具竞争力的控制工具。但传统 PLC 的体系结构是封闭的，各个 PLC 厂家的硬件体系互不兼容，编程语言及指令系统各异，用户选择了一种 PLC 产品后，必须选择与其相应的控制规程，学习特定的编程语言，不利于终端用户功能的扩展。

1990 年美国国家制造科学中心（NCMC）提交了一份名为 "Next Generation Workstation /Machine controller Requirement Definition Document" 的报告，提出了 157 条未来制造业对 PLC 技术的要求。随后，欧共体提出了 OSACA（Open System Architecture for Control within Automation）计划，对自动化生产领域的 PLC 提出了系统开放、公共协议标准化等新要求。1993 年，为了规范 PLC 编程语言，IEC（国际电工委员会）发布了 IEC61131-3 标准。IEC61131-3 标准的推出和实施，有力地推动了各种 PLC 间的兼容和统一，有力地推动了软 PLC 技术的发展。

近年来，工业自动化控制系统的规模不断扩大，控制结构更趋分散化和复杂化，需要更多的用户接口。同时，企业整合和开放式体系的发展要求自动控制系统应具有强大的网络通信能力，使企业能及时地了解生产过程中的诸多信息，灵活选择解决方案，配置硬件和软件，并能根据市场行情，及时调整生产。此外，为了扩大控制系统的功能，许多新型传感器被加装到控制单元上，但这些传感器通常都很难与传统 PLC 连接，且传统 PLC 价格较贵。因此，改革现有的 PLC 控制技术，发展新型 PLC 控制技术已成为当前工业自动化控制领域迫切需要解决的技术难题。

虽然计算机控制技术能够提供标准的开发平台、高端应用软件、标准的高级编程语言及友好的图形界面，但其在恶劣控制环境下的可靠性和可扩展性受到限制。因此，人们在综合计算机和 PLC 控制技术优点的基础上，逐步提出并开发了一种基于 PLC 的新型控制技术——软 PLC 控制技术。

二、软 PLC 技术简介

随着计算机技术和通信技术的发展，采用高性能微处理器作为其控制核心，基于平台的技术得到迅速的发展和广泛的应用，基于的技术既具有传统在功能、可靠性、速度、故障查找方面的特点，又具有高速运算、丰富的编程语言、方便的网络连接等优势。

基于 PC 的 PLC 技术是以 PC 的硬件技术、网络通信技术为基础，采用标准的 PC 开发语言进行开发，同时通过其内置的驱动引擎提供标准的 PLC 软件接口，使用符合 IEC61131-3 标准的工业开发界面及逻辑块图等软逻辑开发技术进行开发。通过 PC-Based PLC 的驱动引擎接口，一种 PC-Based PLC 可以使用多种软件开发，一种开发软件也可用于多种 PC-Based PLC 硬件。工程设计人员可以利用不同厂商的 PC-Based PLC 组成功能强大的混合控制系统，然后统一使用一种标准的开发界面，用熟悉的编程语言编制程序，以充分享受标准平台带来的益处，实现不同硬件之间软件的无缝移植，与其他 PLC 或计算机网络的通信方式可以采用通用的通信协议和低成本的以太网接口。

目前，利用 PC-Based PLC 设计的控制系统已成为最受欢迎的工业控制方案，PLC 与计算机已相互渗透和结合，不仅是 PLC 与 PLC 的兼容，而且是 PLC 与计算机的兼容使之可以充分利用 PC 现有的软件资源。而且 IEC61131-3 作为统一的工业控制编程标准已逐步网络化，不仅能与控制功能和信息管理功能融为一体，并能与工业控制计算机、集散控制系统等进一步的渗透和结合，实现大规模系统的综合性自动控制。

三、软 PLC 工作原理

软 PLC 是一种基于 PC 的新型工业控制软件，它不仅具有硬 PLC 在功能、可靠性、速度、故障查找等方面的优点，而且有效地利用了 PC 的各种技术，具有高速处理数据和强大的网络通信能力。

利用软逻辑技术，可以自由配置 PLC 的软、硬件，使用用户熟悉的编程语言编写程序，可以将标准的工业 PC 转换成全功能的 PLC 型过程控制器。软 PLC 技术综合了计算机和 PLC 的开关量控制、模拟量控制、数学运算、数值处理、网络通信、PID 调节等功能，通过一个多任务控制内核，提供强大的指令集、快速而准确的扫描周期、可靠的操作和可连接各种 I/O 系统及网络的开放式结构。它遵循 IEC61131-3 标准，支持五种编程语言①结构化文本，②指令表语言，③梯形图语言，④功能块图语言，⑤顺序功能图语言，SFC；以及它们之间的相互转化。

四、软 PLC 系统组成

(一) 系统硬件

软 PLC 系统良好的开放性能，其硬件平台较多，既有传统的 PLC 硬件，也有当前较流行的嵌入式芯片，对于在网络环境下的 PC 或者 DCS 系统更是软 PLC 系统的优良硬件平台。

(二) 开发系统

符合 IEC61131-3 标准开发系统提供一个标准 PLC 编辑器，并将五种语言编译成目标代码经过连接后下载到硬件系统中，同时应具有对应用程序的调试和与第三方程序通信的功能，开发系统主要具有以下功能：

1. 开放的控制算法接口，支持用户自定义的控制算法模块；

2. 仿真运行实时在线监控，可以方便地进行编译和修改程序；

3. 支持数据结构，支持多种控制算法，如 PID 控制、模糊控制等；

4. 编程语言标准化，它遵循 IEC61131-3 标准，支持多种语言编程，并且各种编程语言之间可以相互转换；

5. 拥有强大的网络通信功能，支持基于 TCP/IP 网络，可以通过网络浏览器来对现场进行监控和操作。

(三) 运行系统

软 PLC 的运行系统，是针对不同的硬件平台开发出的 IEC61131-3 的虚拟机，完成对目标代码的解释和执行。对于不同的硬件平台，运行系统还必须支持与开发系统的通信和相应的 I/O 模块的通信。这一部分是软 PLC 的核心，完成输入处理、程序执行、输出处理等工作。通常由 I/O 接口、通信接口、系统管理器、错误管理器、调试内核和编译器组成：

1. I/O 接口：与 I/O 系统通信，包括本地 I/O 系统和远程 I/O 系统，远程 I/O 主要通过现场总线 InterBus、ProfiBus、CAN 等实现；

2. 通信接口：使运行系统可以和编程系统软件按照各种协议进行通信；

3. 系统管理器：处理不同任务、协调程序的执行，从 I/O

映像读写变量；

4.错误管理器：检测和处理错误。

五、软 PLC 技术的发展

传统 PLC 有些弱点使它的发展受到限制：（1）PLC 的软、硬体系结构封闭、不开放，专用总线、通信网络协议、各模块不通用；（2）编程语言虽多，但其组态、寻址、语言结构都不一致；（3）各品牌的 PLC 通用性和兼容性差；（4）各品牌产品的编程方法差别很大，技术专有性较强，用户使用某种品牌PLC 时，不但要重新了解其硬件结构，还必须重新学习编程方法及其他规定。

随着工业控制系统规模的不断扩大，控制结构日趋分散化和复杂化，需要 PLC 具有更多的用户接口、更强大的网络通信能力、更好的灵活性。近年来，随着 IEC61131-3 标准的推广，使得 PLC 呈现出 PC 化和软件化趋势。相对于传统 PLC，软 PLC 技术以其开放性、灵活性和低成本占有很大优势。

软 PLC 按照 IEC61131-3 标准，打破以往各个 PLC 厂家互不兼容的局限性，可充分利用工业控制计算机（IPC）或嵌入式计算机（EPC）的硬、软件资源，用软件来实现传统 PLC 的功能，使系统从封闭走向开放。软 PLC 技术提供 PLC 的相同功能，却具备了 PC 的各种优点。

软 PLC 具有高速数据处理能力和强大网络功能，可以简化自动化系统的体系结构，把控制、数据采集、通信、人机界面及特定应用，集成到一个统一开放系统平台上，采用开

放的总线网络协议标准，满足未来控制系统开放性和柔性的
要求。

　　基于 PC 的软 PLC 系统简化了系统的网络结构和设备设
计，简化了复杂的通信接口，提高了系统的通信效率，降低
了硬件投资，易于调试和维护。通过 OPC 技术能够方便地与
第三方控制产品建立通信，便于与其他控制产品集成。

　　目前，软 PLC 技术还处于发展初期，成熟完善的产品不
多。软 PLC 技术也存在一些问题，主要是以 PC 为基础的控
制引擎的实时性问题及设备的可靠性问题。随着技术的发展，
相信软 PLC 会逐渐走向成熟。

第三节　PLC 控制系统的安装与调试

一、PLC 使用的工作环境要求

　　任何设备的正常运行都需要一定的外部环境，PLC 对
使用环境有特定的要求。PLC 在安装调试过程中应注意以下
几点：

　　1. 温度：PLC 对现场环境温度有一定要求。一般水平安
装方式要求环境温度 0—60℃，垂直安装方式要求环境温度
为 0—40℃，空气的相对湿度应小于 85%（无凝露）。为了保
证合适的温度、湿度，在 PLC 设计、安装时，必须考虑如下
事项：

　　（1）电气控制柜的设计。柜体应该有足够的散热空间。柜
体设计应该考虑空气对流的散热孔，对发热厉害的电气元件，
应该考虑设计散热风扇。

（2）安装注意事项。PLC安装时，不能放在发热量大的元器件附近，要避免阳光直射以及防水防潮；同时，要避免环境温度变化过大，以免内部形成凝露。

2.振动：PLC应远离强烈的振动源，防止10—55Hz的振动频率频繁或连续振动。火电厂大型电气设备中，如送风机、一次风机、引风机、电动给水泵、磨煤机等，工作时产生较大的振动，因此PLC应远离以上设备。当使用环境不可避免振动时，必须采取减振措施，如采用减振胶等。

3.空气：避免有腐蚀和易燃的气体，例如氯化氢、硫化氢等。对于空气中有较多粉尘或腐蚀性气体的环境，可将PLC安装在封闭性较好的控制室或控制柜中，并安装空气净化装置。

4.电源：PLC供电电源为50Hz、$220(1 \pm 10\%)$V的交流电。对于电源线来的干扰，PLC本身具有足够的抵制能力。对于可靠性要求很高的场合或电源干扰特别严重的环境，可以安装一台带屏蔽层的变比为1∶1的隔离变压器，以减少设备与地之间的干扰。

二、PLC自动控制系统调试

调试工作是检查PLC控制系统能否满足控制要求的关键工作，是对系统性能的一次客观、综合的评价。系统投用前必须经过全系统功能的严格调试，直到满足要求并经有关用户代表、监理和设计等签字确认后才能交付使用。调试人员应受过系统的专门培训，对控制系统的构成、硬件和软件的使用和操作都比较熟悉。调试人员在调试时发现的问题，都应及时联系有关设计人员，在设计人员同意后方可进行修改，修改需做详细的记录，修改后的软件要进行备份。并对调试修改部分做好文档的整理和归档。调试内容主要包括输入输出功能、控制逻辑功能、通信功能、处理器性能测试等。

(一) 调试方法

PLC 实现的自动控制系统，其控制功能基本都是通过设计软件来实现。这种软件是利用 PLC 厂商提供的指令系统，根据机械设备的工艺流程来设计的。这些指令基本都不能直接操作计算机的硬件。程序设计者不能直接操作计算机的硬件，减少了软件设计的难度，使得系统的设计周期缩短，同时又带来了控制系统其他方面的问题。在实际调试过程中，有时出现这样的情况：一个软件系统从理论上推敲能完全符合机械设备的工艺要求，而在运行过程中无论如何也不能投入正常运转。在系统调试过程中，如果出现软件设计达不到机械设备的工艺要求，除考虑软件设计的方法外，还可从以下几个方面寻求解决的途径。

1.输入输出回路调试

（1）模拟量输入（AI）回路调试。要仔细核对 I/O 模块的地址分配；检查回路供电方式 (内供电或外供电) 是否与现场仪表相一致；用信号发生器在现场端对每个通道加入信号，通常取 0、50% 和 100% 三点进行检查。对有报警、连锁值的 AI 回路，还要在报警连锁值 (如高报、低报和连锁点以及精度) 进行检查，确认有关报警、连锁状态的正确性。

（2）模拟量输出（AO）回路调试。可根据回路控制的要求，用手动输出 (即直接在控制系统中设定) 的办法检查执行机构

(如阀门开度等)，通常也取 0、50 % 和 100 % 三点进行检查；同时通过闭环控制，检查输出是否满足有关要求。对有报警、连锁值的 AO 回路，还要在报警连锁值（如高报、低报和连锁点以及精度）进行检查，确认有关报警、连锁状态的正确性。

（3）开关量输入（DI）回路调试。在相应的现场端短接或断开，检查开关量输入模块对应通道地址的发光二极管的变化，同时检查通道的通、断变化。

（4）开关量输出（DO）回路调试。可通过 PLC 系统提供的强制功能对输出点进行检查。通过强制，检查开关量输出模块对应通道地址的发光二极管的变化，同时检查通道的通、断变化。

2.回路调试注意事项

（1）对开关量输入输出回路，要注意保持状态的一致性原则，通常采用正逻辑原则，即当输入输出带电时，为"ON"状态，数据值为"1"；反之，当输入输出失电时，为"OFF"状态，数据值为"0"。这样，便于理解和维护。

（2）对负载大的开关量输入输出模块应通过继电器与现场隔离，即现场接点尽量不要直接与输入输出模块连接。

（3）使用 PLC 提供的强制功能时，要注意在测试完毕后，应还原状态；在同一时间内，不应对过多的点进行强制操作，以免损坏模块。

3.控制逻辑功能调试

控制逻辑功能调试，须会同设计、工艺代表和项目管理人员共同完成。要应用处理器的测试功能设定输入条件，根据处理器逻辑检查输出状态的变化是否正确，以确认系统的控制逻辑功能。对所有的连锁回路，应模拟连锁的工艺条件，仔细检查连锁动作的正确性,并做好调试记录和会签确认。

检查工作是对设计控制程序软件进行验收的过程,是调试过程中最复杂、技术要求最高、难度最大的一项工作。特别在有专利技术应用、专用软件等情况下,更加要仔细检查其控制的正确性,应留有一定的操作裕度,同时保证工艺操作的正常运作以及系统的安全性、可靠性和灵活性。

4.处理器性能测试

处理器性能测试要按照系统说明书的要求进行,确保系统具有说明书描述的功能且稳定可靠,包括系统通信、备用电池和其他特殊模块的检查。对有冗余配置的系统必须进行冗余测试。即对冗余设计的部分进行全面的检查,包括电源冗余、处理器冗余、I/O 冗余和通信冗余等。

(1)电源冗余。切断其中一路电源,系统应能继续正常运行,系统无扰动;被断电的电源加电后能恢复正常。

(2)处理器冗余。切断主处理器电源或切换主处理器的运行开关,热备处理器应能自动成为主处理器,系统运行正常,输出无扰动;被断电的处理器加电后能恢复正常并处于备用状态。

(3)I/O 冗余。选择互为冗余、地址对应的输入和输出点,输入模块施加相同的输入信号,输出模块连接状态指示仪表。分别通断(或热插拔,如果允许)冗余输入模块和输出模块,检查其状态是否能保持不变。

(4)通信冗余。可通过切断其中一个通信模块的电源或断开一条网络,检查系统能否正常通信和运行;复位后,相应的模块状态应自动恢复正常。

冗余测试,要根据设计要求,对一切有冗余设计的模块都进行冗余检查。此外，对系统功能的检查包括系统自检、文件查找、文件编译和下装、维护信息、备份等功能。对较为复杂的 PLC 系统，系统功能检查还包括逻辑图组态、回路组态和特殊 I/O 功能等内容。

(二) 调试内容

1.扫描周期和响应时间

用 PC 设计一个控制系统时，一个最重要的参数就是时间。PC 执行程序中的所有指令要用多少时间 (扫描时间)？有一个输入信号经过 PC 多长时间后才能有一个输出信号 (响应时间)？掌握这些参数，对设计和调试控制系统无疑非常重要。

当 PC 开始运行之后，它串行地执行存储器中的程序。我们可以把扫描时间分为4个部分：1) 共同部分，例如清除时间监视器和检查程序存储器；2) 数据输入、输出；3) 执行指令；4) 执行外围设备指令。

时间监视器是 PC 内部用来测量扫描时间的一个定时器。所谓扫描时间，是执行上面 4 个部分总共花费的时间。扫描时间的多少取决于系统的购置、I/O 的点数、程序中使用的指令及外围设备的连接。当一个系统的硬件设计定型后，扫描时间主要取决：于软件指令的长短。

从 PC 收到一个输入信号到向输出端输出一个控制信号所需的时间，叫响应时间。响应时间是可变的，例如在一个扫描周期结束时，收到一个输入信号，下一个扫描周期一开始，这个输入信号就起作用了。这时，这个输入信号的响应时间最短，它是输入延迟时间、扫描周期时间、输出延迟时间三者的和。如果在扫描周期开始收到了一个输入信号，在扫描周期内该输入信号不会起作用，只能等到下一个扫描周期才能起作用。这时，这个输入信号的响应时间最长，它是输入延迟时间、两个扫描周期的时间、输出延迟时间三者的和。因此，一个信号的最小响应时间和最大响应时间的估算公式为：最小的响应时间：输入延迟时间＋扫描时间＋输出延迟时间，最大的响应时间二延迟时间＋2 x 扫描时间＋输出延迟时间。

　　从上面的响应时间估算公式可以看出，输入信号的响应时间由扫描周期决定。扫描周期一方面取决于系统的硬件配置，另一方面由控制软件中使用的指令和指令的条数决定。在砌块成型机自动控制系统调试过程中发生这样的情况：自动推板过程（把砌块从成型台上送到输送机上的过程）的启动，要靠成型工艺过程的完成信号来启动，输送砖坯的过程完成同时也是送板得过程完成，通知控制系统可以完成下一个成型过程。

　　单从程序的执行顺序上考察，控制时序的安排是正确的。可是，在调试的过程中发现，系统实际的控制时序是，当第一个成型过程完成后，并不进行自动推板过程，而是直接开始下一个成型过程。遇到这种情况，设计者和用户的第一反应一般都是怀疑程序设计错误。经反复检查程序，并未发现错误，这时才考虑到可能是指令的响应时间产生了问题。砌块成型机的控制系统是一个庞大的系统，其软件控制指令达五六百条。分析上面的梯形图，成型过程的启动信号置位，成型过程开始记忆，控制开始下一个成型过程。而下一个成型过程启动信号，由上一个成型过程的结束信号和有板信号产生。这时，就将产生这样的情况，在某个扫描周期内扫描到 HR002 信号，在执行置位推板记忆时，该信号没有响应，启动了成型过程。系统实际运行的情况是，时而工作过程正常，时而是当上一个成型过程结束时不进行推板过程，直接进行下一个成型过程，这可能是由于输入信号的响应时间过长引起的。在这种情况下，由于硬件配置不能改变，指令条数也不可改变。处理过程中，设法在软件上做调整，使成型过程结束信号早点发出，问题得到了解决。

2.软件复位

在 PLC 程序设计中使用最平常的一种是称为保持继电器的内部继电器。PLC 的保持继电器从 HR000 到 HR915，共 10×16 个。另一种是定时器或计数器从 TIM00 到 TIM47（CNT00 到 CNT47）共 48 个（不同型号的 PLC 保持继电器，定时器的点数不同）。其中，保持继电器实现的是记忆的功能，记忆着机械系统的运转状况、控制系统运转的正常时序。在时序的控制上，为实现控制的安全性、及时性、准确性，通常采用当一个机械动作完成时，其控制信号（由保持继电器产生）用来终止上一个机械动作的同时，启动下一个机械动作的控制方法。考虑到非法停机时保持继电器和时间继电器不能正常被复位的情况，在开机前，如果不强制使保持继电器复位，将会产生机械设备的误动作。系统设计时，通常采用的方法是设置硬件复位按钮，需要的时候，能够使保持继电器、定时器、计数器、高速计数器强制复位。在控制系统的调试中发现，如果使用保持继电器、定时器、计数器、高速计数器次数过多，硬件复位的功能很多时候会不起作用，也就是说，硬件复位的方法有时不能准确、及时地使 PLC 的内部继电器、定时器、计数器复位，从而导致控制系统不能正常运转。为了确保系统的正常运转，在调试过程中，人为地设置软件复位信号作为内部信号，可确保保持继电器有效复位，使系统在任何情况下均正常运转。

3.硬件电路

PLC 的组成的控制系统硬件电路当一个两线式传感器，例如光电开关、接近开关或限位开关等，作为输入信号装置被接到 PLC 的输入端时，漏电流可能会导致输入信号为 ON。在系统调试中，如果偶尔产生误动作，有可能是漏电流产生的错误信号引起的。为了防止这种情况发生，在设计硬件电路时，可在输入端接一个并联电阻。其中，不同型号的 P L C 漏电流值可查阅厂商提供的产品手册。在硬件电路上做这样的处理，可有效地避免由于漏电流产生的误动作。

三、PLC 控制系统程序调试

PLC 控制系统程序调试一般包括 I/O 端子测试和系统调试两部分内容，良好调试步骤有利于加速总装调试过程。

1. I/O 端子测试

用手动开关暂时代替现场输入信号，以手动方式逐一对 PLC 输入端子进行检查、验证，PLC 输入端子示灯点亮，表示正常；反之，应检查接线是 I/O 点坏。

我们可以编写一个小程序，输出电源良好情况下，检查所有 PLC 输出端子指示灯是否全亮。PLC 输入端子指示灯点亮，表示正常；反之，应检查接线是 I/O 点坏。

2.系统调试

系统调试应首先按控制要求将电源、外部电路与输入输出端连接好，然后装载程序于 PLC 中，运行 PLC 进行调试。将 PLC 与现场设备连接。正式调试前全面检查整个 PLC 控制系统，包括电源、接线、设备连接线、I/O 连线等。保证整个硬件连接在正确无误情况下即可送电。

把 PLC 控制单元工作方式设置为"RUN"开始运行。反复调试消除可能出现各种问题。调试过程中也可以根据实际需求对硬件做适当修改以配合软件调试。应保持足够长的运行时间使问题充分暴露并加以纠正。调试中多数是控制程序问题，一般分以下几步进行：对每一个现场信号和控制量做单独测试；检查硬件 / 修改程序；对现场信号和控制量做综合测试；带设备调试；调试结束。

四、PLC 控制系统安装调试步骤

合理安排系统安装与调试程序，是确保高效优质的完成安装与调试任务的关键。经过现场检验并进一步修改后的步骤如下。

(一) 前期技术准备

系统安装调试前的技术工作准备的是否充分对安装与调试的顺利与否起着至关重要的作用。前期技术准备工作包括以下几个内容：

1. 熟悉 PC 随机技术资料、原文资料，深入理解其性能、功能及各种操作要求，制订操作规程。

2. 深入了解设计资料，对系统工艺流程，特别是工艺对各生产设备的控制要求要吃透，做到这两点，才能按照子系统绘制工艺流程连锁图、系统功能图、系统运行逻辑框图，这将有助于对系统运行逻辑的深刻理解，是前期技术准备的重要环节。

3. 熟悉掌握各工艺设备的性能、设计与安装情况，特别是各设备的控制与动力接线图，将图纸与实物相对照，以便于及时发现错误并快速纠正。

4. 在吃透设计方案与 PC 技术资料的基础上，列出 PC 输入输出点号表（包括内部线圈一览表，I/O 所在位置，对应设备及各 I/O 点功能）。

5. 研读设计提供的程序，将逻辑复杂的部分输入、输串点绘制成时序图，在绘制时序图时会发现一些设计中的逻辑错误，这样方便及时调整并改正。

6. 对分子系统编制调试方案，然后在集体讨论的基础上将子系统调试方案综合起来，成为全系统调试方案。

(二) PLC 商检

商检应由甲乙双方共同进行，应确认设备及备品、备件、技术资料、附件等的型号、数量、规格，其性能是否完好待实验现场调试时验证。商检结果，双方应签署交换清单。

(三) 实验室调试

1. PLC 的实验室安装与开通制作金属支架，将各工作站的输入输出模块固定其上，按安装提要将各站与主机、编程器、打印机等相连接起来，并检查接线是否正确，在确定供电电源等级与 PLC 电压选择相符合后，按开机程序送电，装入系统配置带，确认系统配置，装入编程器装载带、编程带等，按照操作规则将系统开通，此时即可进行各项试验的操作。

2.键入工作程序：在编程器上输入工作程序。

3. 模拟 I/O 输入、输出，检查修改程序。本步骤的目的在于验证输入的工作程序是否正确，该程序的逻辑所表达的工艺设备的连锁关系是否与设计的工艺控制要求相符合，程序在运行过程中是否畅通。若不相符或不能运行完成全过程，说明程序有错误误，应及时进行修改。在这一过程中，对程序的理解将会进一步加深，为现场调试做好充足的准备，同时也可以发现程序不合理和不完善的部分，以便于进一步优化与完善。

调试方法有两种：

（1）模拟方法：按设计做一块调试版，以钮子开关模拟输入节点，以小型继电器模拟生产工艺设备的继电器与接触器，其辅助接点模拟设备运行时的返回信号节点。其优点是具有模拟的真实性，可以反映出开关速度差异很大的现场机械触点和 PLC 内的电子触点相互连接时，是否会发生逻辑误动作。其缺点是需要增加调试费用和部分调试工作量。

（2）强置方法：利用 PLC 强置功能，对程序中涉及现场的机械触点（开关），以强置的方法使其"通""断"，迫使程序运行。其优点是调试工作量小，简便，无须另外增加费用。缺点是逻辑验证不全面，人工强置模拟现场节点"通""断"，会造成程序运行不能连续，只能分段进行。

根据我们现场调试的经验，对部分重要的现场节点采取模拟方式，其余的采用强置方式，取二者之长互补。

逻辑验证阶段要强调逐日填写调试工作日志，内容包括调试人员、时间、调试内容、修改记录、故障及处理、交接验收签字，以建立调试工作责任制，留下调试的第一手资料。

对于设计程序的修改部分，应在设计图上注明，及时征求设计者的意见，力求准确体现设计要求。

(四) PLC 的现场安装与检查

实验室调试完成后，待条件成熟，将设备移至现场安装。安装时应符合要求，插件插入牢靠，并用螺栓紧固；通信电缆要统一型号，不能混用，必要时要用仪器检查线路信号衰减量，其衰减值不超过技术资料提出的指标；测量主机、I/O柜、连接电缆等的对地绝缘电阻；测量系统专用接地的接地电阻；检查供电电源；等等，并做好记录，待确认所有各项均符合要求后，才可通电开机。

(五) 现场工艺设备接线、I/O 接点及信号的检查与调整

对现场各工艺设备的控制回路、主回路接线的正确性进行检查并确认，在手动方式下进行单体试车；对进行 PLC 系统的全部输入点 (包括转换开关、按钮、继电器与接触器触点，限位开关、仪表的位式调节开关等) 及其与 PLC 输入模块的连线进行检查并反复操作，确认其正确性；对接收 PLC 输出的全部继电器、接触器线圈及其他执行元件及它们与输出模块的连线进行检查，确认其正确性；测量并记录其回路电阻，对地绝缘电阻，必要时应按输出节点的电源电压等级，向输出回路供电，以确保输出回路未短路；否则，当输出点向输出回路送电时，会因短路而烧坏模块。

一般来说，大中型 PLC 如果装上模拟输入输出模块，还可以接收和输出模拟量。在这种情况下，要对向 PLC 输送模拟输入信号的一次检测或变送元件，以及接收 PLC 模拟输出

信号的调节或执行装置进行检查，确认其正确性。必要时，还应向检测与变送装置送入模拟输入量，以检验其安装的正确性及输出的模拟量是否正确并是否符合 PLC 所要求的标准；向接收 PLC 模拟输出信号调节或执行元件，送入与 PLC 模拟量相同的模拟信号，检查调节可执行装置能否正常工作。装上模拟输入与输出模块的 PLC，可以对生产过程中的工艺参数（模拟量）进行监测，按设计方案预定的模型进行运算与调节，实行生产工艺流程的过程控制。

本步骤至关重要，检查与调整过程复杂且麻烦，必须认真对待。因为只要所有外部工艺设备完好，所有送入 PLC 的外部节点正确、可靠、稳定，所有线路连接无误，加上程序逻辑验证无误，则进入联动调试时，就能一举成功，收到事半功倍的效果。

（六）统模拟联动空投试验

本步骤的试验目的是将经过实验室调试的 PLC 机及逻辑程序，放到实际工艺流程中，通过现场工艺设备的输入、输出节点及连接线路进行系统运行的逻辑验证。

试验时，将 PLC 控制的工艺设备（主要指电力拖动设备）主回路断开二相（仅保留作为继电控制电源的一相，使其在送电时不会转动。按设计要求对子系统的不同运转方式及其他控制功能，逐项进行系统模拟实验，先确认各转换开关、工作方式选择开关，其他预置开关的正确位置，然后通过 PLC 起动系统，按连锁顺序观察并记录 PLC 各输出节点所对应的继电器、接触器的吸合与断开情况，以及其顺序、时间间隔、信号指示等是否与设计的工艺流程逻辑控制要求相符，观察并记录其他装置的工作情况。对模拟联动空投试验中不能动作的执行机构，料位开关、限位开关、仪表的开关量与模拟量输入、输出节点，与其他子系统的连锁等，视具体情况采用手动辅助、外部输入、机内强置等手段加以模拟，以协助 PLC 指挥整个系统按设计的逻辑控制要求运行。

(七) PLC 控制的单体试车

本步骤试验的目的是确认 PCL 输出回路能否驱动继电器、接触器的正常接通，而使设备运转，并检查运转后的设备，其返回信号是否能正确送入 PLC 输入回路，限位开关能否正常动作。

其方法是，在 PLC 控制下，机内强置对应某一工艺设备(电动机、执行机构等)的输出节点，使其继电器、接触器动作，设备运转。这时应观察并记录设备运输情况，检查设备运转返回信号及限位开关、执行机构的动作是否正确无误。

试验时应特别注意，被强置的设备应悬挂运转危险指示牌，设专人值守。待机旁值守人员发出起动指令后，PLC 操作人员才能强置设备起动。应当特别重视的是，在整个调试过程中，没有充分的准备，绝不允许采用强置方法起动设备，以确保安全。

(八) PLC 控制下的系统无负荷联动试运转

本步骤的试验目的是确认经过单体无负荷试运行的工艺设备与经过系统模拟试运行证明逻辑无误的 PLC 连接后，能否按工艺要求正确运行，信号系统是否正确，检验各外部节点的可靠性、稳定性。试验前，要编制系统无负荷联动试车方案，讨论确认后严格按方案执行。试验时，先分子系统联动，子系统的连锁用人工辅助（节点短接或强置），然后进行全系统联动，试验内容应包括设计要求的各种起停和运转方式、事故状态与非常状态下的停车、各种信号等。总之，应尽可能地充分设想，使之更符合现场实际情况。事故状态可用强置方法模拟，事故点的设置要根据工艺要求确定。

在联动负荷试车前，一定要再对全系统进行一次全面检查，并对操作人员进行培训，确保系统联动负荷试车一次成功。

五、PLC 控制系统安装调试中的问题

(一) 信号衰减问题的讨论

1. 从 PLC 主机至 I/O 站的信号最大衰减值为 35dB。因此，电缆敷设前应仔细规划，画出电缆敷设图，尽量缩短电缆长度（长度每增加 1km，信号衰减 0.8dB）；尽量少用分支器（每个分支器信号衰减 14dB）和电缆接头（每个电缆接头信号衰减 1dB）。

2. 通信电缆最好采用单总线方式敷设，即由统一的通信干线通过分支器接 I/O 站，而不是呈星状放射状敷设。PLC 主机左右两边的 I/O 站数及传输距离应尽可能一致，这样能保证一个较好的网络阻抗匹配。

3. 分支器应尽可能靠近 I/O 站，以减少干扰。

4. 通信电缆末端应接 75Ω 电阻的 BNC 电缆终端器，与各 I/O 柜相连接，将电缆由 I/O 柜拆下时，带 75Ω 电阻的终端头应连在电缆网络的一头，以保持良好的匹配。

5. 通信电缆与高压电缆间距至少应保证 40cm/kV；必须与

高压电缆交叉时，必须垂直交叉。

6. 通信电缆应避免与交流电源线平行敷设，以减少交流电源对通信的干扰。同理，通信电缆应尽量避开大电机、电焊机、大电感器等设备。

7. 通信电缆敷设要避开高温及易受化学腐蚀的地区。

8. 电缆敷设时要按 0.05%/℃留有余地，以满足热胀冷缩的要求。

9. 所有电缆接头，分支器等均应连接紧密，用螺钉紧固。

10. 剥削电缆外皮时，切忌损坏屏蔽层，切断金属箔与绝缘体时，一定要用专用工具剥线，切忌刻伤损坏中心导线。

(二) 系统接地问题的讨论

1. 主机及各分支站以上的部分，应用 10mm 的编织铜线汇接在一起经单独引下线接至独立的接地网，一定要与低压接地网分开，以避免干扰。系统接地电阻应小于 4Ω。PLC 主机及各屏、柜与基础底座间要垫 3mm 厚橡胶使之绝缘，螺栓也要经过绝缘处理。

2. I/O 站设备本体的接地应用单独的引下线引至共用接地网。

3. 通信电缆屏蔽层应在 PLC 主机侧 I/O 处理模块处一起汇集接到系统的专用接地网，在 I/O 站一侧则不应接地。电缆接头的接地也应通过电缆屏蔽层接至专用接地网。要特别提醒的是决不允许电缆屏蔽层有二点接地形成闭合回路，否则易产生干扰。

4. 电源应采用隔离方式，即电源中性线接地，这样尚不平衡电流出现时将经电源中性线直接进入系统中性点，而不会经保护接地形成回路，造成对 PLC 运行的干扰。

5. I/O 模块的接地接至电源中性线上。

（三）调试中应注意的问题

1. 系统联机前要进行组态，即确定系统管理的 I/O 点数，输入寄存器、保持寄存器数、通信端口数及其参数、I/O 站的匹配及其调度方法、用户占用的逻辑区大小，等等。组态一经确认，系统便按照一定的约束规则运行。重新组态时，按原组态的约定生成的程序将不能在新的组态下运行，否则会引起系统紊乱，这是要特别引起重视的。因此，第一次组态时须十分慎重，I/O 站、I/O 点数，寄存器数、通信端口数、用户存储空间等均要留有余地，以考虑近期的发展。但是，I/O 站、I/O 点数、寄存器数、端口数等的设置，都要占用一定的内存，同时延长扫描时间，降低运行速度；故此，余量又不能留得太多。特别要引起注意的是运行中的系统不能重新组态。

2. 对于大中型 PLC 机来说，由于 CPU 对程序的扫描是分段进行的，每段程序分段扫描完毕，即更新一次 I/O 点的状态，因而大大提高了系统的实时性。但是，若程序分段不当，也可能引起实时性降低或运行速度减慢的问题。分段不同将显著影响程序运行的时间，个别程序段特长的情况尤其如此。一般地说，理想的程序分段是各段程序有大致相当的长度。

第四节 PLC 的通信及网络

一、PLC 通信概述

(一) PLC 通信介质

通信介质就是在通信系统中位于发送端与接收端之间的物理通路。通信介质一般可分为导向性和非导向性介质两种。导向性介质有双绞线、同轴电缆和光纤等，这种介质将引导信号的传播方向；非导向性介质一般通过空气传播信号，它不为信号引导传播方向，如短波、微波和红外线通信等。

1.双绞线

双绞线是计算机网络中最常用的一种传输介质，一般包含 4 个双绞线对，两根线连接在一起是为了防止其电磁感应在邻近线对中产生干扰信号。双绞线分为屏蔽双绞线 STP 和非屏蔽双绞线 UTP，非屏蔽双绞线有线缆外皮作为屏蔽层，适用于网络流量不大的场合中。屏蔽式双绞线具有一个金属甲套，对电磁干扰 EMI（Electromagnetic Interference）具有较非常弱的抵抗能力，比较适用于网络流量较大的高速网络协议应用。

双绞线由两根具有绝缘保护层的 22 号、26 号绝缘铜导线相互缠绕而成。把两根绝缘的铜导线按一定密度互相绞在一起，这种方法可以降低信号的干扰。每一组导线在传输中辐射的电波会相互抵消，以此降低电波对外界的干扰。把一对或多对双绞线放在一个绝缘套管中便成了双绞线电缆。在双绞线电缆内，不同线对有不同的扭绞长度，一般地说，扭绞长度在 1—14cm 内并按逆时针方向扭绞，相邻线对的扭绞长度在 12.7cm 以上。与其他传输介质相比,双绞线在传输距离、信道宽度和数据传输速度等方面均受到一定限制,但价格较为低廉。

在双绞线上传输的信号可以分为共模信号和差模信号,在双绞线上传输的语音信号和数据信号都属于差模信号的形式,而外界的干扰,例如线对间的串扰、线缆周围的脉冲噪声或者附近广播的无线电电磁干扰等属于共模信号。在双绞线接收端,变压器及差分放大器会将共模信号消除掉,而双绞线的差分电压会被当作有用信号进行处理。

作为最常用的传输介质,双绞线具有以下特点:

(1)能够有效抑制串扰噪声。和早期用来传输电报信号的金属线路相比,双绞线的共模抑制机制,在各个线对之间采用不同的绞合度可以有效消除外界噪声的影响并抑制其他线对的串音干扰,双绞线低成本地提高了电缆的传输质量。

(2)双绞线易于部署。线缆表面材质为聚乙烯等塑料,具有良好的阻燃性和较轻的重量,而且内部的铜质电缆的弯曲度很好,可以在不影响通信性能的基础上做到较大幅度的弯曲。双绞线这种轻便的特征,使其便于部署。

(3)传输速率高且利用率高。目前广泛部署的五类线传输速度达到 100Mbps,并且还有相当潜力可以挖掘。在基于电话线的 DSL 技术中,电话线上可以同时进行语音信号和宽带数字信号的传输,互不影响,大大提高了线缆的利用率。

(4)价格低廉。目前双绞线线缆已经具有相当成熟的制作工艺,无论是同光纤线缆还是同轴电缆相比,双绞线都可以说是价格低廉且购买容易。因为双绞线的这种价格优势,它能够做到在不过多影响通信性能的前提下有效地降低综合布线工程的成本，这也是它被广泛应用的一个重要原因。

2.同轴电缆

同轴电缆是局域网中最常见的传输介质之一。它是由相互绝缘的同轴心导体构成的电缆：内导体为铜线，外导体为铜管或铜网。圆筒式的外导体套在内导体外面，两个导体间用绝缘材料互相隔离，外层导体和中心铂芯线的圆心在同一个轴心上，同轴电缆因此而得名。同轴电缆之所以设计成这样，是为了将电磁场封闭在内外导体之间，减少辐射损耗，防止外界电磁波干扰信号的传输。常用于传送多路电话和电视。同轴电缆的组成。同轴电缆主要由四部分组成，包括有铜导线、塑料绝缘层、编织饲屏蔽层、外套。同轴电缆以一根硬的铜线为中心，中心铜线又用一层柔韧的塑料绝缘体包裹。测抖绝缘体外面又有一片铜编织物或分屈箔片包裹着，这层纺织物或金属箔片相当于同韧电缆的第二根导线、最外面的是电缆的外套。同韧电缆用的接头叫作间制电缆接插头。

目前得到广泛应用的同轴电缆主要有 50Ω 电缆和 75Ω 电缆两类。50Ω 电缆用于基带数字信号传输，又称基带同轴电缆。电缆中只有一个信道，数据信号采用曼彻斯特编码方式，数据传输速率可达 10Mbps，这种电缆主要用于局域以太网。75Ω 电缆是 CATV 系统使用的标准，它既可用于传输宽带模拟信号，也可用于传输数字信号。对于模拟信号而言，其工作频率可达 400MHz。若在这种电缆上使用频分复用技术，则可以使其同时具有大量的信道，每个信道都能传输模拟信号。

同轴电缆曾经广泛应用于局域网，它的主要优点如下与双绞线相比。它在长距离数据传输时所需要的中继器更少。

它比非屏蔽双绞线较贵，但比光缆便宜。然而同轴电缆要求外导体层妥善接地，这加大了安装难度。正因如此，虽然它有独特的优点，现在也不再被广泛应用于以太网。

3.光纤

光纤是一种传输光信号的传输媒介。光纤的结构：处于光纤最内层的纤芯是一种横截面积很小、质地脆、易断裂的光导纤维，制造这种纤维的材料既可以是玻璃也可以是塑料。纤芯的外层裹有一个包层，它由折射率比纤芯小的材料制成。正是由于在纤芯与包层之间存在折射率的差异，光信号才得以通过全反射在纤芯中不断向前传播。在光纤的最外层则是起保护作用的外套。通常都是将多根光纤扎成束并裹以保护层制成多芯光缆。

从不同的角度考虑，光纤有多种分类方式。根据制作材料的不同，光纤可分为石英光纤、塑料光纤、玻璃光纤等；根据传输模式不同，光纤可分为多模光纤和单模光纤；根据纤芯折射率的分布不同，光纤可分为突变型光纤和渐变型光纤；根据工作波长的不同，光纤可分为短波长光纤、长波长光纤和超长波长光纤。

单模光纤的带宽最宽，多模渐变光纤次之，多模突变光纤的带宽最窄；单模光纤适于大容量远距离通信，多模渐变光纤适于中等容量中等距离的通信，而多模突变光纤只适于小容量的短距离通信。

在实际光纤传输系统中，还应配置与光纤配套的光源发生器件和光检测器件。目前最常见的光源发生器件是发光二极管（LED）和注入激光二极管（ILD）。光检测器件是在接收端能够将光信号转化成电信号的器件，目前使用的光检测器件有光电二极管（PIN）和雪崩光电二极管（APD），光电二极管的价格较便宜，然而雪崩光电二极管却具有较高的灵敏度。

与一般的导向性通信介质相比，光纤具有以下优点：

1）光纤支持很宽的带宽，其范围大约在 1014—1015 Hz 之间，这个范围覆盖了红外线和可见光的频谱。

2）具有很快的传输速率，当前限制其所能实现的传输速率的因素来自信号生成技术。

3）光纤抗电磁干扰能力强，由于光纤中传输的是不受外界电磁干扰的光束，而光束本身又不向外辐射，因此它适用于长距离的信息传输及安全性要求较高的场合。

4）光纤衰减较小，中继器的间距较大。采用光纤传输信号时，在较长距离内可以不设置信号放大设备，从而减少了整个系统中继器的数目。

当然光纤也存在一些缺点，如系统成本较高、不易安装与维护、质地脆易断裂等。

（二）PLC 数据通信方式

1.并行通信与串行通信

数据通信主要有并行通信和串行通信两种方式：

并行通信是以字节或字为单位的数据传输方式，除了 8 根或 16 根数据线、一根公共线外，还需要数据通信联络用的控制线。并行通信的传送速度非常快，但是由于传输线的根数多，导致成本高，一般用于近距离的数据传送。并行通信一般位于 PLC 的内部，如 PLC 内部元件之间、PLC 主机与扩展模块之间或近距离智能模块之间的数据通信。

串行通信是以二进制的位（bit）为单位的数据传输方式，

每次只能够传送一位，除了地线外，在一个数据传输方向上只需要一根数据线，这根线既作为数据线又作为通信联络控制线，数据和联络信号在这根线上按位进行传送。串行通信需要的信号线很少，最少的只需要两三根线，比较适用于距离较远的场合。计算机和 PLC 都备有通用的串行通信接口，通常在工业控制中一般使用串行通信。串行通信多用于 PLC 与计算机之间、多台 PLC 之间的数据通信。

在串行通信中，传输速率常用比特率（每秒传送的二进制位数）来表示，其单位是比特／秒（bit/s）或 bps。传输速率是评价通信速度的重要指标。常用的标准传输速率有 300bps、600bps、1200bps、2400bps、4800bps、9600bps 和 19200bps 等。不同的串行通信的传输速率差别极大，有的只有数百 bps,有的可达 100Mbps。

2.单工通信与双工通信

串行通信按信息在设备间的传送方向又分为单工、双工两种方式。

单工通信方式只能沿单一方向发送或接收数据。双工通信方式的信息可沿两个方向传送，每一个站既可以发送数据，也可以接收数据。

双工方式又分为全双工和半双工两种方式。数据的发送和接收分别由两根或两组不同的数据线传送，通信的双方都能在同一时刻接收和发送信息，这种传送方式称为全双工方式；用同一根线或同一组线接收和发送数据，通信的双方在同一时刻只能发送数据或接收数据，这种传送方式称为半双工方式。在 PLC 通信中常采用半双工和全双工通信。

3.异步通信与同步通信

在串行通信中，通信的速率与时钟脉冲有关，接收方和发送方的传送速率应相同，但是实际的发送速率与接收速率之间总是存在一些微小的差别，如果不采取一定的措施，在连续传送大量的信息时，将会因积累误差造成错位，使接收方收到错误的信息。为了解决这一问题，需要使发送和接收同步。按同步方式的不同，可将串行通信分为异步通信和同步通信。

异步通信的信息格式是发送的数据字符由一个起始位、7—8个数据位、1个奇偶校验位(可以没有)和停止位(1位、1.5位或2位)组成。通信双方需要对所采用的信息格式和数据的传输速率作相同的约定。接收方检测到停止位和起始位之间的下降沿后，将它作为接收的起始点，在每一位的中点接收信息。由于一个字符中包含的位数不多，即使发送方和接收方的收发频率略有不同，也不会因两台机器之间的时钟周期的误差积累而导致错位。异步通信传送附加的非有效信息较多，它的传输效率较低，一般用于低速通信，PLC 一般使用异步通信。

同步通信以字节为单位(一个字节由8位二进制数组成)，每次传送1—2个同步字符、若干个数据字节和校验字符。同步字符起联络作用，用它来通知接收方开始接收数据。在同步通信中，发送方和接收方要保持完全的同步，这意味着发送方和接收方应使用同一时钟脉冲。在近距离通信时，可以在传输线中设置一根时钟信号线。在远距离通信时，可以在数据流中提取出同步信号，使接收方得到与发送方完全相同的接收时钟信号。由于同步通信方式不需要在每个数据字符中加起始位、停止位和奇偶校验位，只需要在数据块(往往很长）之前加一两个同步字符，所以传输效率高，但是对硬件的要求较高，一般用于高速通信。

（三）数据通信形式

1.基带传输

基带传输是按照数字信号原有的波形（以脉冲形式）在信道上直接传输的方式，它要求信道具有较宽的通频带。基带传输不需要调制解调，设备花费少，适用于较小范围的数据传输。基带传输时，通常要对数字信号进行一定的编码，常用数据编码方法包括非归零码 NRZ、曼彻斯特编码和差动曼彻斯特编码等。后两种编码不含直流分量、包含时钟脉冲、便于双方自动同步，所以应用非常广泛。

2.频带传输

频带传输是一种采用调制解调技术的传输方式。通常由发送端采用调制手段，对数字信号进行某种变换，将代表数据的二进制"1"和"0"，转换成具有一定频带范围的模拟信号，以便于在模拟信道上传输；接收端通过解调手段进行相反变换，把模拟的调制信号复原为"1"和"0"。常用的调制方法有频率调制、振幅调制和相位调制。具有调制、解调功能的装置称为调制解调器，即 Modem。频带传输较复杂，传送距离较远，若通过市话系统配备 Modem，则传送距离将不会受到限制。

在 PLC 通信中，基带传输和频带传输两种传输形式都是常见的数据传输方式，但是大多采用基带传输。

(四) 数据通信接口

1. RS232S 通信接口

RS-232C 是 RS-232 发展而来，是美国电子工业联合会
（EIC）在 1969 年公布的通信协议，至今任在计算机和其他相
关设备通信中得到广泛使用。当通信距离较近时，通信双方
可以直接连接，在通信中不需要控制联络信号，只需要 3 根
线，即发送线（TXD）、接收线（RXD）和信号地线（GND），便
可以实现全双工异步串行通信。工作在单端驱动和单端接收
电路。计算机通过 TXD 端子向 PLC 的 RXD 发送驱动数据，
PLC 的 TXD 接收数据后返回到计算机的 RXD 数，由系统软件
通过数据线传输数据；如 "三菱" PLC 的设计编程软件 FXGP/
WIN-C 和 "西门子" PLC 的 STEP7-Micro/WIN32 编程软件等
可方便实现系统控制通信。其工作方式简单，RXD 为串行数
据接收信号，TXD 为串行数据发送信号，GND 接地连接线。
其工作方式是串行数据从计算机 TXD 输出，PLC 的 RXD 端
接收到串行数据同步脉冲，再由 PLC 的 TXD 端输出同步脉冲
到计算机的 RXD 端，反复同时保持通信。从而实现全双工数
据通信。

2. RS422A/RS485 通信接口

RS-422A 采用平衡驱动、差分接收电路，从根本上取消
信号地线。平衡驱动器相当于两个单端驱动器，其输入信号
相同，两个输出信号互为反相信号。外部输入的干扰号是以
共模方式出现的，两根传输线上的共模干扰信号相同，因此
接收器差分输入，共模信号可以互相抵消。只要接收器有足
够的抗共模干扰能力，就能从干扰信号中识别出驱动器输出

的有用信号，从而克服外部干扰影响。在 RS–422A 工作模式下，数据通过 4 根导线传送，因此，RS–422A 是全双工工作方式，在两个方向同时发送和接收数据。两对平衡差分信号线分别用于发送和接收。

RS–485 是 RS–422A 的基础上发展而来的，RS–485 许多规定与 RS–422A 相仿；RS–485 为半双工通信方式，只有一对平衡差分信号线，不能同时发送和接收数据。使用 RS–485 通信接口和双绞线可以组成串行通信网络。工作在半双工的通信方式，数据可以在两个方向上传送，但是同一时刻只限于一个方向传送。计算机端发送 PLC 端接收，或者 PLC 端发送计算机端接收。

3. RS232C/RS422A（RS485）接口应用

（1）RS–232/232C，RS–232 数据线接口简单方便，但是传输距离短，抗干扰能力差为了弥补 RS–232 的不足，改进发展成为 RS–232C 数据线，典型应用有：计算机与 Modem 的接口，计算机与显示器终端的接口，计算机与串行打印机的接口等。主要用于计算机之间通信，也可用于小型 PLC 与计算机之间通信。如三菱 PLC 等。

（2）RS–422/422A，RS–422A 是 RS–422 的改进数据接口线，数据线的通信口为平衡驱动，差分接收电路，传输距离远，抗干扰能力强，数据传输速率高等，广泛用于小型 PLC 接口电路。如与计算机链接。小型控制系统中的可编程序控制器除了使用编程软件外，一般不需要与别的设备通信，可编程控制器的编程接口一般是 RS–422A 或 RS–485，用于与计算机之间的通信；而计算机的串行通信接口是 RS–232C，编程软件与可编程控制器交换信息时需要配接专用的带转接电路的编程电缆或通信适配器。网络端口通信，如主站点与从站点之间，从站点与从站点之间的通信可采用 RS-485。

（3）RS-485 是在 RS-422A 基础上发展而来的；主要特点，1）传输距离远，一般为 1200m，实际可达 3000m，可用于远距离通信。2）数据传输速率高，可达 10Mbit/s；接口采用屏蔽双绞线传输。注意平衡双绞线的长度与传输速率成反比。3）接口采用平衡驱动器和差分接收器的组合，抗共模干扰能力增强，即抗噪声干扰性能好。4）RS-485 接口在总线上允许连接多达 128 个收发器，即具有多站网络能力。注意，如果 RS-485 的通信距离大于 20m 时，且出现通信干扰现象时，要考虑对终端匹配电阻的设置问题。RS-485 由于性能优越被广泛用于计算机与 PLC 数据通信，除普通接口通信外，还有如下功能：一是作为 PPI 接口，用于 PG 功能、HMI 功能 TD200 OP S7-200 系列 CPU/CPU 通信。二是作为 MPI 从站，用于主站交换数据通信。三是作为中断功能的自由可编程接口方式用于同其他外部设备进行串行数据交换等。

二、PLC 网络的拓扑结构及通信协议配置

（一）控制系统模型简介

PLC 制造厂常常用金字塔 PP（Productivity Pyramid）结构来描述它的产品所提供的功能表明 PLC 及其网络在工厂自动化系统中，由上到下，在各层都发挥着作用。这些金字塔的共同点是：上层负责生产管理，底层负责现场控制与检测，中间层负责生产过程的监控及优化。

国际标准化组织（ISO）对企业自动化系统的建模进行了

一系列的研究，提出了 6 级模型。它的第 1 级为检测与执行器驱动，第 2 级为设备控制，第 3 级为过程监控，第 4 级为车间在线作业管理，第 5 级为企业短期生产计划及业务管理，第 6 级为企业长期经营决策规划。

(二) PLC 网络的拓扑结构

由于 PLC 各层对通信的要求相差很远，所以只有采用多级通信子网，构成复合型拓扑结构，在不同级别的子网中配置不同的通信协议，才能满足各层对通信的要求。而且采用复合型结构不仅使通信具有适应性，而且具有良好的可扩展性，用户可以根据投资和生产的发展，从单台 PLC 到网络，从底层向高层逐步扩展。下面以 SIEMENS 公司的 PLC 网络为例，描述 PLC 网络的拓扑结构和协议配置。

西门子公司是欧洲最大 PLC 制造商，在大中型 PLC 市场上享有盛名。西门子公司的 S7 系列 PLC 网络，它采用 3 级总线复合型结构，最底一级为远程 I/O 链路，负责与现场设备通信，在远程 I/O 链路中配置周期 I/O 通信机制。在中间一级的是 Profibus 现场总线或主从式多点链路。前者是一种新型的现场总线，可承担现场、控制、监控三级的通信，采用令牌方式或轮循相结合的存取控制方式；后者为一种主从式总线，采用轮循式通信。最高层为工业以太网，它负责传送生产管理信息。在工业以太网通信协议的下层中配置以 802。3 为核心的以太网协议，在上层向用户提供接口，实现协议转换。

(三) PLC 网络各级子网通信协议配置规律

通过典型 PLC 网络的介绍，可以看到 PLC 各级子网通信协议的配置规律如下：

1. PLC 网络通常采用3级或4级子网构成的复合型拓扑结构，各级子网中配置不同的通信协议，以适应不同的通信要求。

2. PLC 网络中配置的通信协议有两类：一类是通用协议，一类是专用协议。

3. 在 PLC 网络的高层子网中配置的通用协议主要有两种：一种是 MAP 规约（MAP3.0），一种是 Ethernet 协议，这反映PLC 网络标准化与通用化的趋势。PLC 间的互联、PLC 网与其他局域网的互联将通过高层协议进行。

4. 在 PLC 网络的低层子网及中间层子网采用专用协议。其最底层由于传递过程数据及控制命令，这种信息很短，对实时性要求较高，常采用周期 I/O 方式通信；中间层负责传递监控信息，信息长度居于过程数据和管理信息之间，对实时性要求比较高，其通信协议常采用令牌方式控制通信，也可采用主从式控制通信。

5. 个人计算机加入不同级别的子网，必须根据所联入的子网要求配置通信模板，并按照该级子网配置的通信协议编制用户程序，一般在 PLC 中无须编制程序。对于协议比较复杂的子网，可购置厂家提供的通信软件装入个人计算机中，将使用户通信程序的编制变得比较简单方便。

6. PLC 网络低层子网对实时性要求较高，通常只有物理层、链路层、应用层；而高层子网传送管理信息，与普通网络性质接近，但考虑到异种网互联，因此，高层子网的通信协议大多为7层。

（三）PLC 通信方法

在 PLC 及其网络中存在两大类通信：一类是并行通信，另一类是串行通信。并行通信一般发生在 PLC 内部，它指的是多处理器之间的通信，以及 PLC 中 CPU 单元与各智能模板的 CPU 之间的通信。本文主要讲述 PLC 网络的串行通信。

PLC 网络从功能上可以分为 PLC 控制网络和 PLC 通信网络。PLC 控制网络只传送 ON/OFF 开关量，且一次传送的数据量较少。如 PLC 的远程 I/O 链路，通过 Link 区交换数据的 PLC 同位系统。它的特点是尽管要传送的开关量远离 PLC，但 PLC 对它们的操作，就像直接对自己的 I/O 区操作一样的简单、方便迅速。PLC 通信网络又称为高速数据公路，这类网络传递开关量和数字量，一次传递的数据量较大，它类似于普通局域网。

1. "周期 I/O 方式" 通信

PLC 的远程 I/O 链路就是一种 PLC 控制网络，在远程 I/O 链路中采用"周期 I/O 方式"交换数据。远程 I/O 链路按主从方式工作，PLC 的远程 I/O 主单元在远程 I/O 链路中担任主站，其他远程 I/O 单元皆为从站。主站中负责通信的处理器采用周期扫描方式，按顺序与各从站交换数据，把与其对应的命令数据发送给从站，同时，从站中读取数据。

2. "全局 I/O 方式" 通信

全局 I/O 方式是一种共享存储区的串行通信方式，它主要用于带有连接存储区的 PLC 之间的通信。

在 PLC 网络的每台 PLC 的 I/O 区中各划出一块来作为链接区，每个链接区都采用邮箱结构。相同编号的发送区与

接受区大小相同，占用相同的地址段，一个为发送区，其他
皆为接收区。采用广播方式通信。PLC1 把 1# 发送区的数据
在 PLC 网络上广播，PLC2、PLC3 把它接收下来存在各自的
1# 接收区中；PLC2 把 2# 发送区的数据在 PLC 网络上广播，
PLC1、PLC3 把它接收下来存在各自的 2# 接收区中；以此类
推。由于每台 PLC 的链接区大小一样，占用的地址段相同，
数据保持一致，所以，每台 PLC 访问自己的链接区，就等于
访问了其他 PLC 的链接区，也就相当于与其他 PLC 交换了数
据。这样链接区就变成了名副其实的共享存储区，共享存储
区成为各 PLC 交换数据的中介。

全局 I/O 方式中的链接区是从 PLC 的 I/O 区划分出来的，
经过等值化通信变成所有 PLC 共享，因此称为"全局 I/O 方
式"。这种方式 PLC 直接用读写指令对链接区进行读写操作，
简单、方便、快速，但应注意在一台 PLC 中对某地址的写操
作在其他 PLC 中对同一地址只能进行读操作。

3.主从总线 1∶N 通信方式

主从总线通信方式又称为 1∶N 通信方式，这是在 PLC
通信网络上采用的一种通信方式。在总线结构的 PLC 子网上
有 N 个站，其中只有 1 个主站，其他皆是从站。这种通信方
式采用集中式存取控制技术分配总线使用权，通常采用轮询
表法，轮询表即是一张从机号排列顺序表，该表配置在主站
中，主站按照轮询表的排列顺序对从站进行询问，看它是否
要使用总线，从而达到分配总线使用权的目的。

为了保证实时性，要求轮询表包含每个从站号不能少于
一次，这样在周期轮询时，每个从站在一个周期中至少有一
次机会取得总线使用权，从而保证了每个站的基本实时性。

4.令牌总线 N∶N 通信方式

令牌总线通信方式又称为 N∶N 通信方式。在总线结构上的 PLC 子网上有 N 个站，它们地位平等，没有主从站之分。这种通信方式采用令牌总线存取控制技术。在物理上组成一个逻辑环，让一个令牌在逻辑环中按照一定方向依次流动，获得令牌的站就取得了总线使用权。

热处理生产线 PLC 控制系统监控系统中采用 1∶1 式"I/O 周期扫描"的 PLC 网络通信方法，即把个人计算机联入 PLC 控制系统中，计算机是整个控制系统的超级终端，同时也是整个系统数据流通的重要枢纽。通过设计专业 PLC 控制系统监控软件，实现对 PLC 系统的数据读写、工艺流程、质量管理，以及动态数据检测与调整等功能，通过建立配置专用通信模板，实现通信连接，在协议配置上采用 9600bps 的通信波特率、FCS 奇偶校验和 7 位的帧结构形式。

这样的协议配置和通信方法的选用主要是根据该热处理生产线结构较简单、PLC 控制点数不多、控制炉内碳势难度不大和通信控制场所范围较小的特点选定的，是通过 RS485 串行通信总线，实现 PLC 与计算机之间的数据交流的，经过现场生产运行，证明该系统的协议配置和通信方法的选用是有效、切实可行的。

第四章　工业控制网络

第一节　计算机网络与现场总线

一、控制系统与控制网络概述

(一) 计算机控制系统的发展历程

计算机网络是计算机技术和通信技术相结合的产物，也是计算机应用广泛普及与计算机技术科学飞速发展的结果，计算机网已广泛应用于数据收集与交换、经营管理、过程控制、信息服务，如情报检索、电子邮政、计算机辅助教育、办公室自动化等方面。计算机网的通信范围已从一座办公楼、一个城市、一个国家扩展到洲际。计算机应用系统从包含单一计算机系统发展到计算机网，标志着计算机应用进入一个新阶段。

对"计算机网络"这个概念的理解和定义，人们提出了各种不同的观点。

计算机亦称"网络"，把多台计算机及各种外部设备通过数据通信线路连接而成的多用户系统。按照计算机连接的方式可分为集中式网络和分布式网络。集中式网络是由单一的中央计算机同一台以上终端连接形成的集中处理系统，其线路配置有点到点线路、多点线路及多路转接线路三种，特点是有综合的数据库系统、精密的控制系统、集中数据处理、信息经济效益好，但缺乏灵活性、操作系统协调困难；分布式网络是由分散的多台独立运行的计算机连接组成的处理系统，工作站上的小型机或微机可分担多数的处理负荷，必要时才请求服务器系统支援，有三种配置方式：星形、环形和分层联结。分布式网络的特点是面向多用户且具有灵活性、资源共享好、网络易于装配、能即时应答用户查询，但控制相对较难、数据不易保密、维护费用较高等。网络能迅速可靠地传输数据、共享计算机资源，适用于集团性企业之间及类似多单位之间对数据和信息进行集中和分散管理的情况。

第一代计算机网络：从20世纪50年代中期开始，出现了计算机与通信技术相结合的尝试，出现了第一代计算机网络。它实际上是以单个计算机为中心的远程联机系统。这样的系统中除了一台计算机，其余的终端都没有自主处理信息的功能。系统主要存在的是终端和中心计算机之间的通信。虽然历史上也称作计算机网络，但现在看来这与后来出现的多个计算机互联的计算机网络有很大的区别，我们称为"面向终端的计算机网络"。

第二代计算机网络：是多个主计算机通过通信线路互联起来，提供服务。这是60年代后期开始兴起的，与这一代计算机网络的显著区别在于，这里的多个主计算机都具有自主处理能力，它们之间不存在主从关系，这样的多个主计算机互联的网络才是我们目前常称的计算机网络，在系统中，终端与计算机的通信发展到了计算机与计算机之间的通信。

第三代计算机网络：70年代后期人们认识到了第二代计算机网络的缺点，由于第二代计算机网络主要由各研究单位，部门各自研制的，这就带来了不同网络难于互联的缺点。为了解决这个问题，就产生了第三代计算机网络，第三代网络是开放的和标准的计算机网络，它具有统一的网络体系结构并遵循国际标准协议。

第四代计算机网络：自20世纪80年代末以来，局域网技术逐渐发展成熟，开始出现光纤及高速网络技术，多媒体，智能网络，渐渐发展为以 Internet 为核心的互联网。此时，对用户来说整个计算机网络系统就像透明的一样。

计算机从产生的那天起就开始了在控制系统中的应用。20世纪60年代，人们利用微处理器和一些外围电路构成了数字式仪表以取代模拟仪表，这种控制方式被称为 DDC 控制，该控制方式提高了系统的控制精度和控制灵活性，而且在多回路的巡回采样及控制中具有传统模拟仪表无法比拟的性能价格比。70年代中后期，随着工业系统的日益复杂，控制回路的进一步增多，单一的 DDC 控制系统已经不能满足现场的生产控制要求和生产工作的管理要求，同时中小型计算机和微机的性能价格比有了很大提高。于是，由中小型计算机和微机共同作用的分层控制系统由中小型计算机对生产工作进行管理，从而实现了控制功能和管理信息的分离。当控制回路数目增加时，前置机及其与工业设备的通信要求就会急剧增加，从而导致这种控制系统的通信变得相当复杂，使系统的可靠性大大降低。

进入80年代后，由于计算机网络技术的迅速发展，同时也因为生产过程和控制系统的进一步复杂后，人们将计算机网络技术应用到了控制系统的前置机之间以及前置机和上位机的数据传输中。前置机仍然完成自己的控制功能，但它与上位机之间的数据（上位机的控制指令和控制结果信息）传输采用计算机网络实现。上位机在网络中的物理地位和逻辑地位与普通站点一样，只是完成的逻辑功能不同，另外，上位机增加了系统组态功能，即网络的配置功能。这样的控制系统称为 DCS（集散控制）系统。DCS 系统是计算机网络技术在控制系统中的应用成果，提高了系统的可靠性和可维护性，在今天的工业控制领域仍然占据着主导地位。然而，不可忽视的是：DCS 系统采用的是普通商业网络的通信协议和网络结构，在解决工业控制系统的自身可靠性方面没有做出实质性的改进，为加强干扰和可靠性采用了冗余结构，从而提高了控制系统的成本。另外，DCS 不具备开放性，布线复杂，费用高。

80 年代后期，人们在 DCS 的基础上开始开发一种通用于工业环境的网络结构和网络协议，并实现传感器、控制器层的通信，这就是现场总线。由于从根本上解决了网络控制系统的自身可靠性问题，现场总路线技术逐渐成为计算机控制系统的发展趋势。从那时起，一些发达的工业国家和跨国工业公司都纷纷推出自己的现场总线标准和相关产品，形成了群雄逐鹿之势。

（二）控制系统的网络化发展背景

1.应用背景

根据工厂管理、生产过程及功能要求，CIMS 体系结构可分为五层，即工厂级、车间级、单元级、工作站和现场级。简化的 CIMS 则三层，即工厂级、车间级和现场级。在一个现代化的工厂环境中，在大规模的工业控制过程中，工业数据结构同样分为这三个层次，与简化的网络层次相对应。现场级与车间级自动化监控及信息集成是工厂自动化及 CIMS 不可缺少的重要部分，该系统主要完成底层设备单机控制、联机控制、通信联网、在线设备状态检测及现场设备运行、生产数据的采集、存储、统计等功能，保证现场设备高质量完成生产任务，并将现场设备生产及运行数据信息传送到工厂管理层，向工厂级 CMIS 系统数据库提供数据，同时也可接受工厂管理层下达的生产管理及调度命令并执行之。因此，现场级与车间级自动化临近及信息集成系统是实现工厂自动化及 CIMS 系统的基础。

传统的现场级与车间级自动化监控及信息集成系统（包括基于 PC、PLC、DCS 产品的分布式控制系统），其主要特点之一是，现场层设备和控制器之间的连接是一对一的 I/O 接线方式，即一个 I/O 点对设备的一个测控点，传送 4—20mA 模拟量信号或 24VDC 开关量信号，这种传统的现场级与车间级自动化监控及信息集成系统所具有以下主要缺点：

（1）信息集成能力不强，控制器与现场设备之间靠 I/O 边线连接，传送 4—20mA 模拟量信号或 24VCD 等开关量信号，并以此监控现场设备，这样控制器获取信息量有限，大量的数据如设备参数、故障及记录等很难得到。底层数据不全，信息能力不强，不能完全满足 CIMS 系统对底层数据的要求。

（2）系统不开放，可集成性差，专业性不强除现场设备均靠标准 4—20mA/24VDC 连接外，系统其他软件通常只能使用一家产品。不同厂商缺乏互操作性和互换性，因此可集成性差。这种系统很少留出接口，允许其他厂商将自己专长的控制技术，如控制算法、工艺流程、配方等集成到通用系统中去，因此，面向行业的系统很少。

（3）可靠性不易保证，对于大范围的分布式系统，大量的I/O电缆及敷设施工，不仅增加了成本，也增加了系统的不可靠性。

（4）可维护性不高，由于现场级设备信息不全，现场级设备的在线故障诊断、报警、记录功能不强。另外也很难完成现场设备的远程参数设定、修改等参数化功能，影响了系统的可维护性。

2.技术背景

从发展历程看，信息网络体结构的发展与控制系统结构的发展有相似之处。计算机出现以后人们便开始探索两台或多台计算机之间的通信问题，纵观企业信息网络的发展，它大体经历了如下几个发展阶段：

（1）基于主机（Host-Based）的集中模式：由强大的主机完成几乎所有的计算和处理任务，用户和主机的交互很少。

（2）基于工作组（Workgroup-Based）的分层结构：微机和局域网技术的发展使工作性质相近的人员组成群体，共享某些公共资源，用户之间的交流和协作得到了加强。

（3）客户/服务器网络模式：计算机网络技术的发展使它成为现代信息技术的主流。该模式提高了信息资源的安全性和利用率，成为网络计算的流行模式。

（4）基于Internet/Intraner/Extraner和fieldbus的企业网：Internet的发展和普及应用使它成为公认的未来全球信息基础设施的雏形。采样Internet成熟的技术和标准，人们又提出了Internet和Extraner的概念，分别用于企业内部网和企业外联网的实现，于是便形成了以Internet为中心，以Extraner为补充，依托于 Internet 的新一代企业信息基础设施（企业网）。

而计算机控制系统也大体经历了集中控制、递阶分层控制、基于现场总线的网络控制等发展阶段。信息网络与控制系统在体系结构发展过程上的相似性不是偶然的。在计算机控制系统运行的过程中，每一种结构的控制系统总是滞后于相应计算机技术的发展。实际上，大多数情况下，正是在计算机领域一种新技术出现以后，人们才开始研究如何将这种新技术应用于控制领域。当然，鉴于两种应用环境的差异，其中的技术细节做了修改和补充，但在关键技术原理及实现上，它们有许多共同的地方，正是由于二者在发展过程中的这种关系，使得实现信息—控制一体化成为可能。

（三）控制系统网络化发展的三个阶段

随着电子、计算机和网络技术的发展，控制系统经历了组合式模拟控制系统、集中式数字控制系统、集散式控制系统，发展到当前现场总线控制系统和开放嵌入式网络化控制系统阶段。控制系统发展呈现出向分散化、网络化、智能化发展的方向。其中，尤以生产过动化、仪表监控诊断、楼宇自动化和家庭智能化控制等方面网络化趋势最为显著。

传统集中式和集散式控制系统曾极大地推动了控制工业的发展。但是，技术的发展、控制和管理要求的不断增加，使得控制系统正由封闭的集中体系加速向开放分布式体系发展。控制界正在向网络化转变。同时，由于各种控制网络协议的产生和控制技术发展的延续性，底层控制系统出现了多种网络技术、多种网络协议共存的局面。根据 Metcalfa 定理：网络的功能将随着网络节点的增长而成指数级增长。因此，控制网络扩展性和兼容性越好，网络控制节点越多，控制功能也越强。不同控制网络的集成化是当前控制系统网络化的主要特点之一。企业与外界交流的信息不仅包括管理信息，还包括设备状态和生产控制信息。控制网络与信息网络的集成可以实现微观控制和企业宏观决策的一体化，为生产控制和企业管理决策带来一种新的模式。

从控制系统的出现，就产生了控制信息交流和共享的问题。由于技术上的限制，控制系统发展的早期采取的是一种封闭结构。这同计算机技术发展早期相似；而且，控制系统的网络化发展也跟计算机网络的发展进程有某种相似的对应关系。我们认为控制网络技术的发展是从集散控制系统才真正开始的，并大致呈现以下三个阶段：

1.传统集散控制系统

集散式控制系统（DCS）针对集中式控制系统风险集中的弊端，把一个控制过程分解为多个子系统，由多台计算机协同完成。其结构主要有以下特点：具有现场级的控制单元（PLC、MCU等），现场级控制单元与现场设备用电缆连接，采用标准4—20mA模拟信号传输；具有中央控制单元（CPU），中央控制单元与现场级控制单元之间采用RS–232/485等以专用非开放协议通信。目前，DCS领域主要由Honeywell、Fisher、ABB、Foxboro、西门子等公司占据。

应该说，集散控制系统具有了一定的网络化思想，它适应于当时的计算机和网络技术水平，但是在实际应用中也体现出了不足。首先，集散系统仍然是模拟数字混合系统，模拟信号的转换和传输使系统精度受到限制。其次，它在结构上遵循主从式思想的原则，没有完全突破集中控制模式的束缚；一旦主机故障，系统可靠性就无法保障最后，DCS系统属非开放式专用网络系统，各系统互不兼容，不利于继续提高系统可维护性和组态灵活性。集散控制系统在控制领域类似于计算机领域中主机与终端的共用。

2.现场总线控制系统

现场总线控制系统（FCS）是一种开放的分布式控制系统。它突破了集散控制系统中采用专用网络的缺陷，把专用封闭协议变成标准开放协议。同时，它使系统具有完全数字计算和数字通信能力。结构上，它采用了全分布式方案，把控制功能彻底下放到现场，提高了系统可靠性和灵活性。因而，FCS系统与DCS系统比较具有很多优点：它是现场通信网络，设备之间可点对点、点对多点或广播多种方式通信；利用统一组态与任务下载，使得如PID、数字滤波、补偿处理等简单控制任务可动态下载到现场设备；它可减少传输线路与硬件设备数量，节省系统安装维护的成本；它还增强了不同厂家设备的互操作性和互换性。当前，出现了多种现场总线：基金会总线（FF）、LON总线、Profibus、HART及CAN总线等。

从目前看，现场总线控制系统主要不足是：各种现场总线尽管都是开放协议，遵循同一种协议不同厂家的产品可以兼容；但是，各种协议并没有统一，不同总线协议的系统不易互联。而且，现场总线通信协议与上层管理信息系统或进一步的Internet所广泛采用的TCP/IP协议是不兼容的，也存在协议转换问题。这些增加了控制和管理信息一体化网络的实现难度。多种现场总线的共存对应于计算机网络发展中多种局域网协议共存的时期。

3.开放嵌入式网络化控制系统

控制系统采用统一的网络协议和结构模型是当今控制界的共识。TCP/IP 协议是一个跨平台的通信协议族，能方便地实现异种机互联，它促使计算机信息网络及 Internet 近十年的飞速发展。因此，TCP/IP 协议由信息网络向底层控制网络延伸和扩展，形成控制与信息一体化分布式全开放网络，符合计算机、网络和控制技术融合的潮流，是逻辑的必然。网络和微处理器技术的发展，使得网络的频带不断加宽，微处理器的体积不断缩小，运算能力不断增加。宽带网和更高性能处理器的出现使得 TCP/IP 协议有可能应用于实时测控系统中，从而导致了开放嵌入式网络化控制系统的产生。测控仪表和家庭智能化领域已经出现了小型嵌入式设备以 TCP/IP 协议联网的应用。

这种控制系统借助于局域网和互联网使得遥感、遥控成为可能。由于借鉴了计算机软、硬件和网络技术，可以降低系统成本，进一步增加系统的开放性。除了应用层外，通信协议的统一将不再有不同协议转换问题，为控制网络和信息网络集成提供了最完美的解决方案。

但是应该看到，目前绝大多数实时控制还是在隔离或封闭网段上实现，真正的跨网络远程实时控制还没有出现；大量设备上网导致的 IP 地址资源不足也将是一个严重问题。解决的办法是：继续提高网络速度；增加微处理器的运算能力；完成 TCP/IP 协议软件的小型化；尽快以 IPv6 替代 IPv4，扩展 IP 资源。

(四) 控制系统网络化现状

任何技术的变革都是连续渐进的。由于技术上的特点和市场利益的竞争，控制系统网络化必然是一个缓慢的过程。在目前控制应用领域中，同时并存着以上三种形式的控制系统。因此，多种形式控制网络集成是当前控制系统网络化的应用重点。

1.集散控制系统与现场总线控制系统的集成

为保持竞争力，目前部分集散控制系统也开始采用现场总线技术对自身进行改造，产生了一些 DCS 和现场总线的混合集成系统。实现 DCS 和现场总线集成主要有三种方式：①现场总线集成在 DCS 的 I/O 设备层上。即通过接口卡将现场总线挂接在 DCS 的 I/O 总线上，来完成两者信息的映射。这种方式优点是结构比较简单；缺点是扩展规模受到接口卡的限制。Fisher–Rosemount 公司 Delta 集散系统就采用了此方式。它开发了专用接口卡，将符合 H1 规范的 FF 总线集成到该系统中。②现场总线通过专用网关与 DCS 系统集成，网关实现了通信协议的转换和信息的互访。此方式的优点是系统扩展性较好，便于利用集散系统的组态监控软件。缺点是结构较复杂；当现场总线系统结构改变时，网关要进行相应设置。例如，Honeywell 公司 Excel 5000Open 系统中由 Q7750 完成了其专用 RS–485 协议和 LON 总线的互联。③现场总线的管理机通过 LAN 集成到 DCS 系统的操作站上，这种形式采用较少。它实质是借助计算机网络来实现集成，由于进行了多层转换，系统实时性稍差。

2.各种现场总线控制系统之间的集成

在现场总线国际标准制定的过程中，共有 8 种现场总线同时成为 IEC 现场总线标准的子集。可见，多种总线共存的局面在一个很长时间内存在仍是无法避免的。为了适应各种不同现场总线协议，必须实现各种现场总线控制系统的集成。主要解决方案有：以专用网关实现控制量的对应转换；或者进行协议上的修改，以尽可能兼容。例如，由 ISP 和 World FIP 合并的基金会总线本身就是遵循现场总线间协议统一的产物。各个公司顺应这一情况，也相继推出能够让多种现场总线协同工作的控制系统。Smar 公司 System302 系统能够同时包容 FF、Profibus、HART 等总线协议；法国 Alstom 公司 Alspa8000 系统由 Ethernet、WorldFIP 为主构成，并用一个 Gateway 与 Hart 智能仪表相连。多种现场总线集成，协同完成复杂测控任务，是目前组成自动化系统的重要方式。

3.嵌入式网络化控制系统发展现状

之前我们说过，采用 TCP/IP 协议的开放嵌入式网络化控制系统应是未来控制系统的发展方向。这是基于实时嵌入式控制系统和计算机网络技术两个方面发展得出的结论。

嵌入式控制系统是以应用对象为中心，直接对硬件设备操作，并且根据对功能、可靠性、体积和成本的严格要求，可以剪裁系统软、硬件的计算机控制系统。按处理器不同可分三类。第一类是基于嵌入式 PC，主要有 Am186/88、386EX、Power PC、68000、ARM 系列等。第二类是 16 和 8 位嵌入式微控制器（ MCU ），代表为 MCS–51、Intel8096/196、MC68HC05 等。新型高速微控制器如 SX48/52 运算能力已经达到 100MIPS。第三类是嵌入式 DSP。 TI 公司 TMS320C2000 系列 DSP 对外部接口进行了集成，使之适应于快速控制系统应用。嵌入式实时多任务操作系统（RTOS）网络功能的增强促进了嵌入式控制系统的网络化。各种商业化嵌入式实时操作系统 PSOS、VXWork、VRTX、QNX、Windows CE 等都带有可以剪裁的 TCP/IP 网络协议包，可以很方便地实现控制设备联网。

在计算机网络方面：令牌环、FDDI 和 ATM 等确定性网络的频带在不断提高；以太网标准在确定性、速度和优先法则方面也有了很大提高。现在，以太网不仅有成熟的 10/100M 技术，还出现了 1000M 以上的高速以太网。运用以太网交换机，接入的节点各自独占一条线路，避免了冲突；采用高速背板交换或微处理器交换，网络响应时间是确定的。据 ARC 公司分析，126 个节点的 100M 交换式以太网的响应时间是 2—3ms，可以满足几乎所有控制系统的要求。

二、现场总线技术概述

（一）现场总线技术的产生与发展

现场总线是用于现场仪表与控制系统和控制室之间的一种分散、全数字化、智能、双向、多变量、多点、多站的通信系统。可靠性高、稳定性好、抗干扰能力强、通信速率快、系统安全符合环境保护要求、造价低廉、维护成本低是现场总线的特点。

现场总线是 20 世纪 80 年代末，90 年代初发展形成的，用于过程自动化、制造自动化、楼宇自动化、家庭自动化等领域的现场智能设备互联设备通信网络。作为工厂数字通信网络的基础，现场总线沟通了生产过程现场级控制设备之间及其与更高控制管理层次之间的联系，这项以智能传感、控制、计算机、数据通信为主要内容的综合技术已受到世界范围的关注而成为自动化技术发展的热点，并将导致造化系统结构与设备的深刻变革，现场总结与企业网相结合，有可能将构成一个企业的控制和信息系统的骨架。

模集成电路的发展，许多传感器、执行机构、驱动装置等现场设备智能化，即内置 CPU 控制器，完成诸如线性化、量程转换、数字滤波甚至回路调节等功能。因此，对于这些智能现场设备增加一个串行数据接口（如 RS-485/RS-232）是非常方便的。有了这样的接口控制器就可以按其规定的协议，通过串行通信方式而不是 I/O 方式完成对现场设备的监控。如果设想全部或大部分现场设备都具有串行通信接口并具有统一的通信协议，控制器只需一根通信电缆就把分散的现场设备连接起来，完成对所有现场设备的监控，这就是现场总路线技术的最初想法。

在过去的几十年中，工业过程控制仪表一直采用 4—20mA 标准的模拟信号。随着微电子技术和大规模以及超大规模集成电路的迅猛发展，微处理器在过程控制装置、变送器、调节阀等仪表装置中的应用不断增加，出现了智能变送器、智能调节阀等系列高新技术仪表产品，现代化的工业赛程控制对仪表装置在速率、精度、成本等诸多方面都有了更高的要求，导致了用数字信号传输技术代替现行的模拟信号传输技术的需要，这种现场信号传输技术就被称作为现场总线。也就是说，现场总线是由过程控制技术、仪表技术和计算机网络技术三个不同领域结合的产物，当过程控制技术由分立设备发展到共享设备，仪表技术由简单仪表发展到智能仪表，计算机网络技术同 MAP 网络技术发展到现场级网络技术时，就必然会走向现场总线。

(二) 现场总线技术产生的意义

现场总线控制系统继气动信号控制系统 PCS，4–20mA 等点动模拟信号控制系统，数字计算机集中式控制系统和集散式分布控制系统 DCS 之后，被誉为第五代控制系统。它采用了基于公开化、标准化的开放式解决方案，实现了真正的全分布式结构，将控制功能下放到现场，使控制系统更加走向于分布化，扁平化、网络化、集成化和智能化。

现场总线的产生和发展，使一个企业的现场级控制网络可以更方便有效地与办公信息网络通信，二者的集成对企业信息基础设施的改进具有重大意义。可以说，现场总线从开始出现时就是为了融入实际上已通行的 TCP/IP 信息网络中，并与其有效的集成到一起，为企业提供一个强有力的控制与通信基础设施。现场总线技术产生的意义如下：

1. 现场总线技术是实现现场级设备数字化通信的一种工业现场层网络通信技术，这是工业现场级设备通信的一次数字化革命。应用现场总线技术可用一条电缆将带有通信接口的智能化现场设备连接起来，使用数字化通信代替 4 –20mA、24VDC 信号，完成现场设备控制、检测、远程参数化等功能。

2. 传统的现场级自动化监控系统采用一对一连线的 4–20mA/24DCV 信号，信息量有限，难以实现设备之间及系统与外界之间的信息交换，使自控系统成了工厂中的"信息孤岛"，严重制约了企业信息集成及企业综合自动化的实现。

3. 基于现场总线的自动化监控系统采用计算机数字化通

信技术，使自控系统与设备加入工厂信息网络，成为企业信息网络底层，使企业信息沟通的覆盖范围一直延伸到生产现场。在 CIMS 系统中，现场总线是计算机网络到现场级设备的延伸，是支持现场与车间级信息集成的技术基础。

基于现场总线的现场级与车间级自动化监控及信息集成系统所具有的主要优点有：

（1）增强了现场级信息集成能力：现场总线可从现场设备获取大量丰富信息，能够更好地满足自动化及 CIMS 系统的信息集成要求。现场总线是数字化通信网络，它不单纯取代 4—20mA，还可实现设备状态、故障、参数信息传送。系统除完成远程监控外，还可完成远程参数化工作。

（2）开放式、互操作性、互换性、可集成性：不同厂家产品只要使用同一总线标准，就具有互操作性。互换性，因此设备具有很好的可集成性。系统为开放式，允许其他厂商将自己专长的控制技术，如控制算法、工艺流程、配方等集成到通用系统中去，因此，市场上将有许多面向行业特点的监控系统。

（3）系统可靠性高、可维护性好：基于现场总线物自动化监控系统采用总线连接方式替代一对一的 I/O 连线，对于大规模 I/O 系统来说，减少了由接线点造成的不可靠因素。同时，系统具有现场级设备的在线故障诊断、报警、记录功能，可完成现场设备的远程参数设定、修改等参数化工作，也增强了系统的可维护性。

（4）降低了系统及工程成本：对大范围、大规模的 I/O 分布式系统来说，省去了大量的电缆、I/O 模块及电缆敷设工程费用，降低了系统及节节胜利成本。

(三) 现场总线国际标准化近况

现场总线是当今世界各国热点课题，以现场总线为基础的全数字控制系统是 21 世纪自动化控制系统的主流。目前世界发达国家的自动化仪表公司都以巨大的人力和财力投入，全方位进行技术研究和实际应用，以期待成为市场的主宰者。由于现场总线是以开放的、独立的、全数字化的双向多变量通信代替 0—10MA 或 4—20MA 的现场仪表，以实现全数字化的控制系统。因此其标准化是至关重要的，世界各国的技术协会 (学会)、各大公司、各国的标准化组织，还有国际电工委员会 (IEC) 及国际标准化组织 (ISO) 对于本项技术的标准化工作都给予极大的关注，也使得目前现场总线国际标准化工作出现了复杂的局面。

1.欧洲标准

EN50170—3：这是法国 WORLDFIP 现场总线标准，截至 1999 年底其拥有 100 多个成员，可生产 300 多个产品，其产品在法国有占有率为 25%。

EN50170—2：这是德国 Profibus 现场总线标准，截至 1999 年底其拥有成员 605 个，产品 800 多个，据其统计，其产品的市场占有率在欧洲为 40%。

EN50170—1：这是丹麦 P~Net 现场总线标准，其规模相对较小，其产品主要用于农业灌溉和水厂自动化系统中。

欧洲标准 EN50170 实际上是上述三大现场总线协议的文件汇编。

2.基金会现场总线 FF

在 1994 年以前，现场总线标准化问题主要出于 ISP (Interopratable System Protocol，可互操作系统协议）和 World FIP 的北美部分 World FIP NA 和 ISP 联手于 1994 年 6 月成立了现场总线基金会（Fieldbus Foundation, FF），旨在制订一个单一、开放、可互操作的现场总线标准，并推出了基现场总线 FF，由于基得到美国大公司如 Rosemount、Honeywell、Foxboro 等的支持，很快在该领域确立了自己的优势。因而，从 1994 年以后，现场总线标准化问题便主要集中在 FF 和 Profibus 之间的矛盾上了。

3.现场总线标准化工作进展困难的原因

综观许多新技术的发展、推广和应用都会人为地造成标准化工作滞后于技术发展和用户需求的现象，现场总线标准化工作也不例外，实际上它已经与各国的经济政策紧密相连，标准化之争实际上是不同国家大企业集团之间的经济利益之争。总的来说，主要有以下几个原因：

（1）几大现场总线组织的支撑集团都是在世界具有垄断地位的大公司，而现场总线标准化工作是为了打破这种垄断，建立单一的全面开放的现场总线，这本身便是一个矛盾。于是各大公司采取的首先措施便是力争用最大的为达到市场技术的单一性，它们深知，如果在标准化工作中失利损失是巨大的，所以，彼此之间拼死核战争，互不相让。

（2）世界各大现场总线组织的实力是相当的，它们认为，IEC 标准晚一天到来，它们便有更多的商业运作时间以收回投资。另外，它们也不愿冒巨大风险在其产品上做进一步的巨额投资。

（3）IEC 组织本身便是一个"多样化"的组织，其内部存在"官僚主义"现象。

（4）发展中国家由于受资金和限制，受制于世界各大公司，受经济利益的驱动，它们在标准化制订过程中经常表现出多面性。

三、现场总线

（一）现场总线概念

国际电工委员会 IEC 61158 对现场总线（fieldbus）的定义是：安装在制造或过程区域的现场装置与控制室内的自动控制装置之间的数字式、串行、多点通信的数据总线。第 2 版（Ed2。0）IEC 61158-2 用于工业控制系统中的现场总线标准——第 2 部分：物理层规范（Physical Layer Specification）与服务定义（Server Definition）又进一步指出：现场总线是一种用于底层工业控制和测量设备，如变送器（Transducers）、执行器（Actuators）和本地控制器（Local Controllers）之间的数字式、串行、多点通信的数据总线。对现场总线概念的理解和解释还存在一些不同的表述。

现场总线一般是指一种用于连接现场设备，如传感器（Sensors）、执行器及像 PLC、调节器（Regulators）、驱动控制器等现场控制器的网络；现场总线是应用在生产现场、在微机化测量控制设备之间实现双向串行多节点数字通信的系统，也被称为开放式、数字化、多点通信的底层控制网络；现场总线是一种串行的数字数据通信链路，它沟通了生产过程领域的基本控制设备（现场设备）之间以及更高层次自动控制领域的自动化控制设备（车间级设备）之间的联系；现场总线是连接控制系统中现场装置的双向数字通信网络；现场总线是用于过程自动化和控制自动化（最底层）的现场设备或现场仪表互联的现场数字通信网络，是现场通信网络与控制系统的集成；现场总线是从控制室连接到现场设备的双向全数字通信总线；在自动化领域，"现场总线"一词是指安装在现场的计算机、控制器以及生产设备等连接构成的网络；现场总线是应用在生产现场、在测量控制设备之间实现工业数据通信、形成开放型测控网络的新技术，是自动化领域的计算机局域网，是网络集成的测控系统。

（二）现场总线系统的组成

如上所述，现场总线一般应被看作一个系统、一个网络或一个网络系统，它应用于现场测量和/或控制目的，通常称之为现场总线控制系统（Fieldbus Control System，FCS），有时也简称为现场总线系统或现场总线网络。也就是说，现场总线与现场总线控制系统或现场总线系统/网络往往是不做区分的。

与计算机系统一样，现场总线（系统）也是由硬件和软件两大部分组成的。硬件包括通信线（或称通信介质、总线电缆）、连接在通信线上的设备（称为总线设备或装置、节点、站点（主站、从站））。软件包括以下几部分：组态工具软件——用计算机进行设备配置、网络组态提供平台的工具软件；组态通信软件——通过计算机将设备配置、网络组态信息传送至总线设备而使用的软件（将配置与组态信息根据现场总线协议/规范（Protocol/Specification）的通信要求进行处理，再从计算机通过总线电缆传送至总线设备）；控制器编程软件——用户程序提供编程环境的软件平台；用户程序软件——根据系统的工艺流程及其他要求而编写的 PLC (控制器) 应用程序；设备接口通信软件——根据现场总线协议 / 规范而编写的用于总线设备之间通过总线电缆进行通信的软件；设备功能软件——使总线设备实现自身功能 (不包括现场总线通信部分) 的软件；监控组态软件——运行于监控计算机 (通常也称为上位机) 上，具有实时显示现场设备运行状态参数、故障报警信息，并进行数据记录、趋势图分析及报表打印等功能。

(三) 现场总线的技术特点及优点

现场总线是当今 3C 技术，即通信 (Communi-cation)、计算机 (Computer)、控制 (Control) 技术发展的结合点，也有人认为是过程控制技术、自动化仪表技术、计算机网络技术三大技术发展的交汇点，是信息技术、网络技术的发展在控制领域的体现，是信息技术、网络技术发展到现场的结果。

现场总线是自动化领域技术发展的热点之一，将对传统的工业自动化带来革命，从而开创工业自动化的新纪元。现场总线控制系统必将逐步取代传统的独立控制系统、集中采集控制系统和集散控制系统 (Distributed Control Sys-tem, DCS)，成为 21 世纪自动控制系统的主流。

1.现场总线的技术特点

与 DCS 等传统的系统相比，现场总线 (系统) 在本质上具有以下技术特点：

(1) 现场总线是现场通信网络。这具有两方面的含义：①现场总线将通信线 (总线电缆) 延伸到工业现场 (制造或过程区域)，或总线电缆就是直接安装在工业现场的；②现场总线完全适应于工业现场环境，因为它就是为此而设计的。

(2) 现场总线是数字通信网络。在现场总线(系统)中，同层的或/和不同层的总线设备之间均采用数字信号进行通信。具体地说是：①现场底层的变送器/传感器、执行器、控制器之间的信号传输均用数字信号；②中/上层的控制器、监控/监视计算机等设备之间的数据传送均用数字信号；③各层设备之间的信息交换均用数字信号。

传统的 DCS 的通信网络介于操作站与控制站之间，而现场仪表与控制站中的输入/输出单元之间采用的是一对一的模拟信号输出。

(3) 现场总线是开放互联网络。现场总线作为开放互联网络是指：①现场总线标准、协议/规范是公开的，所有制造商都必须遵守；②现场总线网络是开放的，既可实现同层网络互联，也可实现不同层次网络互联，而不管其制造商是哪一家；③用户可共享网络资源。在①、②、③三者中，①起决定性作用，②、③是①的结果。

(4) 现场总线是现场设备互联网络。现场总线通过一根通信线将所需的各个现场设备(如变送器/传感器、执行器、控制器)互相连接起来，即用一根通信线直接互联 N 个现场设备，从而构成了现场设备的互联网络。

(5) 现场总线是结构与功能高度分散的系统。①现场总线的系统结构具有高度分散性，这是由上述(4)、(3)两点决定的；②现场总线的系统功能实现了高度分散——现场设备由分散的功能模块构成。

(6) 现场设备的互操作性与互换性。①互操作性：不同厂商的现场设备可以互联，互相之间可以进行信息交换并可统一组态；②互换性：不同厂商的性能类似的现场设备可以互相替换。现场总线中现场设备的互操作性与互换性是 DCS 无法具备的。

2.现场总线优点

现场总线所具有的数字化、开放性、分散性、互操作性与互换性及对现场环境的适应性等特点，决定和派生了其一系列优点：

（1）导线和连接附件大量减少。①一根总线电缆直接连接 N 台现场设备，电缆用量大大减少（原来 DCS 的几百根甚至几千根信号与控制电缆减少到现场总线的一根总线电缆）；②端子、槽盒、桥架、配线板等连接附件用量大大减少。其中，②是由①决定的。

（2）仪表和输入/输出转换器（卡件）大量减少。①采用人机界面、本身具有显示功能的现场设备或监视计算机代替显示仪表，使仪表的数量大大减少；②输入/输出转换器（卡件）的数量大大减少。在 DCS 系统中所用的 4—20 mA 线路只能获得一个测量参数，且与控制站中的输入/输出单元一对一地直接相连，因此输入/输出单元数量多。而在现场总线中，一台现场设备可以测量多个参数，并将它们以所需的数字信号形式通过总线电缆进行传送，因此对单独的输入/输出传换器（卡件）的需要减少了。

（3）设计、安装和调试费用大大降低。①因有优点（1），使原来 DCS 烦琐的原理图设计在现场总线中变得简单易行；②优点（1）的存在和标准接插件的使用使得安装和校对的工作量大大减少；③可根据需要将系统分为几个部分分别调试，使调试工作变得灵活方便；④强大的故障诊断功能使得调试工作变得轻松愉快。

（4）维护开销大幅度降低。①系统的高可靠性使系统出现故障的概率大大减少；②强大的故障诊断功能使故障的早期发现、定位和排除变得快速而有效，系统正常运行时间更长，维护、停工时间大大减少。

（5）系统可行性提高。①系统结构与功能的高度分散性决定了系统的高可靠性；②现场总线协议/规范对通信可靠性方面（通信介质、报文检验、报文纠错、重复地址检测等）的严格规定保证了通信的高可靠性。

（6）系统测量与控制的精度提高。在现场总线中，各种开关量、模拟量就近转变为数字信号，所有总线设备间均采用数字信号进行通信，避免了信号的衰减和变形，减少了传送误差。换言之，现场总线采用数字信号通信这一数字化特点，从根本上提高了系统的测量与控制精度。

（7）系统具有优异的远程监控功能。①可以在控制室远程监视现场设备和系统的各种运行状态；②可以在控制室对现场设备及系统进行远程控制。

（8）系统具有强大的（远程）故障诊断功能。①可以论断和显示各种故障，如总线设备和连接器的断路、短路故障以及通信故障和电源故障等；②可以将各种状态及故障信息传送到控制室的监视/监控计算机中，大大减少了使用和维护人员不必要的现场巡视。当现场总线安装在恶劣环境中时，这尤其具有重要意义。

第二节 控制网络基础

一、控制网络概述

信息网络的发展推动着控制网络的发展。控制网络正沿着开放发展的道路前进。

(一) 工业信息化与自动化的层次模型

工业企业的发展目标是实现工业企业信息化与自动化。工业企业的组织和管理模式正向"扁平化"方向发展，这就是一种新型的工业企业信息化与自动化的层次模型，它包括：信息层、自动化层、设备层。

设备层的主要功能：(1) 现场设备的标准化、规范化、数字化。(2) 现场设备方便接入与互联。(3) 实现现场设备的基本控制功能。(4) 现场总线是适应设备层开放发展策略的一类控制网络。

自动化层的主要功能：(1) 提供一个功能强大的控制主干网，允许各类现场总线与其互联。(2) 实现高层次的自动化控制功能，如协调控制、监督控制、优化控制以及新型的敏捷制造、虚拟企业生产模式等。(3) 能够方便实现与信息层的集成。

信息层的主要功能：(1) 建立以市场经济为先导的先进企业管理机制。(2) 具有综合信息管理与设备管理功能。(3) 能为自动化层提供科学决策、计划调度与生产指挥等。

这种层次模型是相对的，随着嵌入式系统的发展，设备层与自动化层正在逐步融合在一起。同时，随着网络技术的发展，自动化层与信息化层也正在沿着集成的方向发展。

(二) 控制网络类型及其相互关系

从控制网络组网技术来说，控制网络有共享式控制网络与交换式控制网络两大类。现场总线控制网络一般为共享式网络结构。为了增强网络的通信功能，分布式控制网络正在迅速发展，但不管是共享式控制网络，还是交换式控制网络均可组建分布式控制网络。随着嵌入式系统的发展，嵌入式控制网络显现出巨大的优越性。同样，共享式控制网络与交换式控制网络均可构建嵌入式控制网络。

(三) 分布式控制网络技术

1.分布式控制网络

由于不少控制系统生产厂商并不提供真正的开放平台，目前比较普遍的一种控制网络结构是：上层控制网络与下层的现场总线通过通信控制器组成一种主从式结构的控制网络。这种主从式结构控制网络的不足之处是：

（1）主从式控制结构增加系统的复杂性与额外的资源开销。

（2）通信控制器一般为专用控制器，不具备开放性系统的根本条件。

（3）控制网络的层次结构使网络间通信受到限制。

克服主从式控制网络结构不足之处的一种方法是采用分布式控制网络结构。

分布式控制网络的特点：

（1）在分布式控制网络中，各种现场总线控制网络通过路由器互联，路由器工作方式只是在网络中进行逻辑隔离，而非物理隔离，使通道之间透明。

（2）分布式控制网络结构是一个集成的网络，一个网络工具可以在网上任何地点对网上的其他节点进行工作。使系统安装、监测、诊断、维护都非常方便。

（3）控制网络之间遵循 TCP/IP 协议，实现控制网络的开放性。IP 路由器是实现分布式控制网络的关键设备，已引起各大公司的关注。Echefon 与 iCsco 公司正紧密合作开发"隧道"路由器。

（四）嵌入式控制网络技术

1.嵌入式控制系统

由嵌入式控制器通过网络接口接人各类网络，包括 LAN、WAN、Internet Intranet 等，组成一具有分布式网络信息处理能力、先进控制功能的控制网络称嵌入式控制网络。

嵌入式控制系统具有如下特点：（1）嵌入式控制网络中嵌入式控制器的操作系统平台、网络通信平台为当今世界流行的开放式平台，为嵌入式控制网络的开放性奠定基础。（2）嵌入式控制器的操作平台，如 Windows CE，功能强，应用软件开发快捷、方便。在 PC Windows 系统操作系统上开发的应用软件能直接在 Windows CE 环境中运行，也就是说，开发嵌入式控制器应用软件无须专用的软件开发系统与工具。（3）功能强大的嵌入式 CPU 为嵌入式控制器提供高性能、高速处理能力及灵活的扩展方式。（4）支持 TCPI/P 协议，容易实现网络互联与网络扩展。（5）可应用各种网络作为嵌入式控制器接人主干网，这些主干网通信速率高，实时性好，并支持分布式网络计算，实现网络协同工作。同时，各种已经十分成熟的网络技术、网络设备为组建高性能价格比的嵌入式控制网络提供有利的条件。

2.嵌入式控制器

嵌入式控制器是设计用于执行指定独立控制功能并具有以复杂方式处理数据能力的控制系统。它由嵌入的微电子技术芯片（包括微处理芯片、定时器、序列发生器或控制器等一系列微电子器件）来控制的电子设备或装置，从而使该设备或装置能够完成监视、控制等各种自动化处理任务。

嵌入式控制器主要用于实时控制、监视、管理或辅助其他设备运转，它由微处理器芯片、固化在芯片内的软件及其他部件共同组成。

嵌入式控制器软件结构包括：嵌入式操作系统；应用程序、应用程序编程接口 API；实时数据库等。

嵌入式 CPU 与通用型 CPU 相比呈现异彩纷呈的景象，目前世界上仅 32 位嵌入式 CPU 就有 100 种以上。嵌入式 CPU 大多工作在特定用户群设计的系统中，具有低功耗、体积小、集成度高等特点，有利于嵌入式控制器设计趋于小型化、智能化并与网络应用紧密结合。

现在国际上比较流行的嵌入式操作系统有：Microware 的 059、Sun 的 Java05、Microsoft 的 Windows CE 等。我国凯思集团也研发具有自主知识产权的通用嵌入式操作系统 HoePn。

Windows CE 是一套纯 32 位操作系统，系统内存容量小，采用弹性组合设计，组合类型包括：基本组合、基本网络组合、基本图形界面组合、基本视窗组合、基本 Shell 组合以及多功能多媒体组合等。不同组合内存容量从 250kB 到 6MB 不等, 用户可根据应用需求, 选择不同的组合设计。Windows CE2.0 提供 5 种参考设计组合, Windows CE2.1 提供 7 种参考设计组合。Windows CE3.0 支持嵌入式实时应用系统。

Windows CE 支持众多的硬件平台, 包括 Intel、AMD、Cyrix 的各种产品。

Windows CE 支持多用户、多线程, 提供网络联结功能, 包括 Winsoek、RAS、TAPI、Modem 等。

Hopen 是一个实时、多用户、多线程、核心较小的 32 位通用嵌入式操作系统, 适用于 AMD、Motorola 等多种嵌入式芯片, 具有汉字与图形界面功能。

3.网络接口

网络接口 Nl 为嵌入式控制器接入网络提供必要的条件。网络接口以 32 位 CPU 为中心, 控制器完成网络接口的控制功能, 通信接口有: RS232C 串行接口, 通信协议转发器接口、网络接口等。

4.分布式网络计算平台

分布式网络计算平台有: Microsoft 公司的分布式组件对象 DEOM; 由 IBM、Sun Micro systems 公司等支持的 OMG 开发的应用对象代理体系结构 CORBA; Sun 公司的 Jini 等。

Jini 网络计算平台可应用于嵌入式控制网络。Jini 体系结构最重要的概念是服务, 一个服务是一个实体, 它可能是一次计算、存储、与另一个用户的交流、硬件设备的一次动作等。Jini 系统提供一种机制, 在分布式系统中实现对服务的构造、查找、通信与使用。服务间的通信通过使用 Java 的远程方法调用 RMI 完成。

嵌入式控制器、网络接口、分布式网络计算平台不但能够构建开放的、功能强大的嵌入式控制网络，而且可实现控制网络与信息网络的无缝集成。

(五) 分布式控制网络技术

以交换式集线器、交换式交换机、ATM 交换机等交换设备为中心构成的控制网络称为交换式控制网络。

1.交换式控制网络技术特点

交换式控制网络与共享式控制网络相比，具有明显的技术特点：

(1) 交换式控制网络具有高的传输带宽，交换式集成器与以太交换机带宽为 10M/100Mbps。它既有 10Mbps 的带宽端口，也有 100Mbps 的带宽端口，并且还有 10/100Mbps 的自适应端口供用户选择。ATM 交换机带宽最低为 155Mbps，高的可达 622Mbps 以上。除此之外，利用网络分段，增加每个端口的可用带宽，可进一步缓解控制网络的拥塞状况。

(2) 交换式控制网络容量大，一般可支持几十至几百个接入设备。同时，采用交换设备构建控制网络，具有组网方便的优点。

(3) 交换式控制网络一般能提供无拥塞的服务与多对端口之间的同时通信。通过交换能够将信息迅速直接传送至目标设备，交换设备具有低交换传输延迟，一般交换式集成器或以太交换机交换传输延迟仅几十微秒，完全可满足实时控制的要求。

(4) 可靠性高，交换设备的长期可靠工作特性，极大地支持了控制网络的可靠性。

2.交换式控制网络的构建

构建交换式控制网络已有比较成熟的技术。

(1)交换式控制网络一般采用以交换设备为中心的星型拓扑结构，当控制网络规模较大或为满足控制网络功能划分需要时，可采用分段结构，构成更大的网络。

(2)交换机选用原则：①端口密度，接入控制设备越多，要求端口密度越高。此外，还要估计当端口增加时，对整个网络负载的影响。如果端口太多，频繁访问服务器，那么连接服务器的链路可能出现拥塞状况。②端口带宽，接入设备的带宽应与交换端口带宽相适应。③容错能力，控制网络的关键部件如服务器、主干连接、存储硬盘最好采用冗余技术，并能热切换。

(3)根据控制网络不同应用的要求，选择不同的组网方式。一般的控制网络应用，可采用普通的交换式以太控制网络，特别需要时可采用虚拟专用网 VPN 或 ATM 局域网仿真等。

二、网络拓扑

网络拓扑是指存在于网络中的各个节点之间相互的物理或者逻辑上的连接关系，拓扑发现就是用来确定这些节点以及它们之间的连接关系，这主要包括两方面的工作；一是节点的发现，包括主机、路由器、交换机、接口和子网等；二是连接关系的发现，包括路由器、交换机以及主机之间的相互联接关系等。网络拓扑发现技术在复杂网络系统的模拟、优化和管理、服务器定位以及网络拓扑敏感算法的研究等方面都有着不可替代的作用，同时网络拓扑发现技术也存在许多的困难和挑战。现今网络的规模和结构日益庞大复杂，如果想要获得准确完整的拓扑信息，就需要付出极大的工作量，而网络本身又没有提供任何专门针对网络拓扑发现的机制，使得管理人员经常不得不采用一些比较原始的工具进行网络拓扑发现，加大了网管人员的工作难度网络中的节点经常会发生物理位置和逻辑属性上的变化，各个节点间的连接也经常发生着变化，导致整个网络的结构时常发生变化，再加上网络协议版本的更新换代以及动态路由策略的影响，使得发现的网络拓扑结构永远是过了时的拓扑结构不同的管理机构管辖着不同的网络范围，不同的网络之间硬件和软件的类型又有很大的差异，这使得网络本身就具有异构性的特征，而且处于安全保密等方面的考虑，不同的网络都会采取一定的策略来隐藏自己的拓扑信息，这使得网络拓扑发现工作变得更加困难。

三、网络互联

(一) 网络互联概念

1977 年，国际标准化组织（ISO）制定了开放系统互联基本参考模型（OSI），OSI 参考模型采用分层结构技术，将整个网络的通信功能分为职责分明的七层，由高到低分别是：应用层、表示层、会话层、传输层、网络层、数据链路层、物理层。目前计算机网络通信中采用最为普遍的 TCP/IP 协议吸收了 OSI 标准中的概念及特征。TCP/IP 模型由四个层次组成：应用层、传输层、网络层、数据链路层 + 物理层。只有对等层才能相互通信。一方在某层上的协议是什么，对方在同一层次上也必须采用同一协议。路由器就工作在 TCP/IP 模型的第三层 (网络层)，主要作用是为收到的报文寻找正确的路径，并把它们转发出去。

"网络互联"（Inter connceiotn）主要是指不同子网之间的互相连接目的是解决子网间的数据流通，但这种流通尚未扩展到系统与统之间。这里，把一个子网看作为一条"链路"，而把子网之间的结（最终用互通单元 IvvU 如网关 Gateway 等来实现，统称为"中继系统"）看作为一个交换节点，从而形成一个"超级网络"闭。个超级网络要能提供任意的一条协议能力连续的接续通路，要能提供端—端网络服务，来完成网间连接方式下的端—端通信。如果这个超级网络是由一些异型子网构成的，则"链路"之间将存在议失配的情况，这会造成接续通路上协议能力出现不连续点。网络互联的任务就是要采用一些技术来消除这种（些）不连续点，以便允许通路两端的系统能够互相通信。

(二) 网络互联体系结构

在研究和发展异构网络互联技术的过程中，人们首先要解决的课题是网络互联体系结构 (互联体制) 和互联协议的研究，而研究适合异构网络互联的通用体系结构，就相当于制订一个通用的互联策略。

(三) 网络互联体制类别

在体系结构上，归纳起来，至今有两类能实现系统互通的网络互联体制，即"逐段法"体制和"端—端法"体制。

端系统 A 通过假定为异构的三个网络（NETI、NETZ 和
NET3）的互联，来实现它与端系统 B 的网间连接，中间经过
了两个互通单元 IwU（即中继系统）的子网间连接。图中阴影
部分表示子网接入和服务机构，分为若干层（图中画了三层，
可以想象为对应于 051/RM 的 PHY，DL 和 NET 各层，但它是
通用的表示），统一向较高一层提供与网络特性有关的网络服
务功能 NS。更高一层 NS，转换成与网络无关的传送服务功
能 ST。系统之间的互通，根据前面的定义，就应发生在从这
一层开始的高层部分。图中用实线箭头表示了系统（端系统或
中继系统）之间的互通关系。另外，说明一点：图中各层的面
积大小，可视为反映该层所提供的服务等级（功能与质量）的
量度。

（1）"逐段法"互联体制，这种体制又称为"协议变换"制
式，它利用网关进行不同子网间的协议变换，使网间服务功
能逐段调合在统一的服务层次上，它充分地利用各个子网现
有接入机构提供的网络服务功能，不要求对这种机构做任何
修改。在端—端连接的通路上，穿越每个子网作为一段（一跳
程）。在每一段上，只利用该子网的服务功能和传递功能来完
成该段上的连接通信。段与段之间的协调则由 IWIJ 的中继功
能（包括协议变换、路由与流控等）来完成。最后在逐段链接
的"超级"通路上为端系统 A—B 之间提供了等效的"端—端"
传送服务，它是与网络无关的服务功能，为应用进程创建了
互通环境。

在这种互联体制中，最终能提供给端系统之间的服务功
能和服务等级，显然等于沿途所有子网所能提供的服务的公
共子集。如要扩大这种服务子集，可以在网络服务机构（如

051/RM 的网络层) 中增加执行某种规程 (如所谓的 "子网相关聚合协议" SNDCP), 或者进行协议转换来完成服务变换。显然, 这要付出更多的开发费用, 增加了 IWU 的复杂性和成本, 但它的运行费用较低, 因为当业务通过较高质量等级的子网时, 可避免那些不必要的控制和重传, 降低了网络负荷和开销。

(2) "端—端法" 互联体制这种体制亦称为 "网间协议" 制式 (Internet Protocol , 它要求两端系统执行相同的传送协议, 以提供共同的与网络无关的传送服务功能, 保证两端具有共同属性的全面服务, 从而直接实现端—端通信, 为应用进程创建互通环境。这种互联体制的一个关键点是: 要从沿途各个子网的接入机构中, 至少 "提取" 出一个共同的较简单的网络服务功能 (例如数据报服务), 作为公共的网间服务功能, 因而整个网络互联体系也只提供这种服务功能, 来支持统一的端—端传送服务。各端系统和各网关都执行相同的 "网间协议" (IP), 来实现这种网间服务功能。

这种体制可以使用较简单的网关, 通路上故障点少, 主要的开发和开销集中在端系统中。由于要求对网间公共服务的一致性, 又考虑到异构网络各自服务质量等级的差异, 所以每段只能 "提取" 较低等级的服务功能。在现有的 IP 标准中, 只有无连接方式的数据报服务类型。因此, 最后服务等级的改善, 只能通过端—端传送协议 (TP 或 TCP) 来保证 (例如完成排序、丢失重传、重叠检测等)。它的不合理性在于: 对服务等级的提供, 是在跨越所有子网链上进行的, 这意味着那些质量等级高的网络要应付额外的控制而增加网络的负荷和开销。

(四) 互联体制的比较与选择

在建立网络互联体系结构的整体模型之前，首先遇到的问题是采用"逐段法"体制还是采用"端—端"法体制，因为它是影响体系结构模型的最重要因素，是模型的基本框架一般需从运行费用、研制费用、传输质量与可靠性、寻址策略和网关复杂性等多方面，对两种互联体制作一番比较。

基于上述比较，归纳出各自的优缺点如下：

"逐段法"互联体制

优点：能充分利用各子网的服务功能和质量等级；简化传送控制，业务传输质量和可靠性高，运行费用低。

缺点：寻址开销大，路由不够灵活，可能要求服务聚合和协议转换，因而网关较复杂，研制费用高。

"端—端法"互联体制

优点：全局寻址和独立路由，网络坚固性和可靠性高；网关技术简单，成本低。虽然目前只有提供数据报服务的网间协议，但它的适用面较宽，因为大多数网络(尤其是 LAN、PRNFT、SATNFT 等)都提供数据报的无连接服务。

缺点：只能提供无连接方式的网络服务；业务的传输质量必须由端系统的传送服务来保证，增加了主机负荷和开发费用；对各互联子网的控制开销和运行费用较高。

(五) 网络互联设备

1.中继器

中继器(Repeater)工作于 OSI 的第一层(物理层)，中继器是最简单的网络互联设备，连接同一个网络的两个或多个网段，主要完成物理层的功能，负责在两个网络节点的物理层上按位传递信息，完成信号的复制、调整和放大功能，以此从而增加信号传输的距离，延长网络的长度和覆盖区域，支持远距离的通信。一般来说，中继器两端的网络部分是网段，而不是子网。中继器只将任何电缆段上的数据发送到另一段电缆上，并不管数据中是否有错误数据或不适于网段的数据。大家最常接触的是网络中继器，在通信上还有微波中继器、激光中继器、红外中继器等，机理类似，触类旁通。

中继器（Repeater）：又称转发器，分为多路复用器、多口中继器、模块中继器和缓冲中继器等。它工作在 OSI 模型的最底层（物理层），作用是放大和再生信号，以使信号具有足够的能量在介质中进行长距离传输。

中继器由均衡放大器、定时提取电路、信码的判决和再生电路构成。

均衡放大：是将经传输线衰耗而且失真的基带信号加以均衡放大，以补偿传输线带来的衰耗和频率失真。

定时提取：是从输入的信码中提取时钟频率信息（时间指针），以产生用于判决和再生电路的定时脉冲（和发信端频率一致）。

信码再生：将已均衡放大后的信号用时间指针在固定的时刻进行判决，产生出再生的信息码，以继续传输。

判决方式：取均衡波幅度最大值的 1/2 为判决电平，当判决时钟到来后，若其幅度大于 1/2 的最大值，则判决为"1"；不然为"0"。因此，均衡波的质量直接影响判决。

中继器只能用于一个 LAN 中多个网段之间的连接，起扩展 LAN 的作用，没有其他功能（比如检错、纠错、过滤等功能）。从通信的角度上看，中继器类似于模拟通信中的线路放大器，完成的是信号传输功能。

从理论上讲，可以采用中继器连接无限数量的媒介段，然而实际上各种网络中接入的中继器数量因受时延和衰耗等的具体限制，最多允许4个中继器连接5个网段。

2.网桥

网桥（Bridge）也叫桥接器，是连接两个局域网的一种存储一转发设备，它能将一个较大的LAN分例为多个网段，或将两个以上的LAN互联为一个逻辑LAN，使LAN上的所有用户都可以访问服务器。

网桥工作在物理层之上的数据链路。即数据链层（LLC）和媒体访问控侧（MAC）子层。大多数网络(尤其是局域网)结构上的差异体现在MAC层，因此网桥被用于局域网中的MAC层的转换。它所连接的协议比中维器离，因此工能更强。网桥用来控制数据流量、处理传送差错、提供物理寻址、介质访问算法。

网桥具有筛选和过滤的功能，可以适当隔离不需要传播的信息，从而改善网络功能，包括提高整个扩展通城网的数据吞吐量和网络响应速度，并且还可以改善网络系统的安全保密性。

随着LAN上的用户数量和工作站数增加时，LAN上的通信也随之增加，因而引起性能下降。这是所有LAN共同存在的问题，特别是使用IEEE801。3CSMA/CD访问方法的LAN，这个问题表现得更为突出。在这种LAN环境下，对网络进行分段，以减少网络上的用户数和通信量，可以用网桥隔离分段间的流量。

在用网桥划分网段时，一是减少每个LAN段上的通信量；

二是要确保网段间的通信量小于每个网段内部的通信量。

3.路由器

路由器跟集线器和交换机不同，是工作在 OSI 的第三层（网络层），根据 IP 进行寻址转发数据包。路由器是一种可以连接多个网络或网段的网络设备，能将不同网络或网段之间（比如局域网—以太网）的数据信息进行转换，并为信包传输分配最合适的路径，使它们之间能够进行数据传输，从而构成一个更大的网络。路由器之所以在互联网络中处于关键地位，是因为它处于网络层，一方面能够跨越不同的物理网络类型（DDN、FDDI、以太网等），另一方面在逻辑上将整个互联网络分割成逻辑上独立的网络单位，使网络具有一定的逻辑结构。路由器的主要工作是为经过路由器的每个数据帧寻找一条最佳传输路径，并将该数据有效地传送到目的站点。

路由器的基本功能是，把数据（IP 报文）传送到正确的网络，则包括：

1.IP 数据报的转发，包括数据报的寻径和传送；

2.子网隔离，抑制广播风暴；

3.维护路由表，并与其他路由器交换路由信息，这是 IP 报文转发的基础；

4.IP 数据报的差错处理及简单的拥塞控制；

5.实现对 IP 数据报的过滤和记账。

由于网络层需要处理数据分组、网络地址、决定数据分组的转发、决定网络中信息的完整路由等，因此，路由器具有更多和更高的网络互联功能。除了路由选择和数据转发两大典型功能外，路由器一般还具有流量控制、网络和用户管理等功能。①数据转发：在网络间完成数据分组（报文）的传送；②路径选择：根据距离、成本、流量和拥塞等因素选择最佳传输路径引导通信；③流量控制：路由器不仅有更多的缓冲，还能控制收发双方的数据流量，使两者更匹配；④网络管理功能：路由器是连接多种网络的汇集点，网络之间的信息流都要通过路由器，利用路由器监视网络中的信息流动、监视网络设备工作、对信息和设备进行管理等是比较方便的。因为大部分路由器可以支持多种协议的传输，所以路由器连接的物理网络可以是同类网也可以是异类网，它能很容易地实现LAN—LAN、LAN—WAN、WAN—WAN 和 LAN—WAN—LAN等网络互联方式的连接。

4.网关

网关也称信关、入口。网关是网络节点，它是进入另一网络的入口。在公司网中，代理服务器作为网关使用，连接内因特网和因特网。网关也可以是一个将信号由一个网络传送到另一网络的设备。20 世纪 80 年代初，DARP A net 在考虑IP 协议的地址选择时，定义了两种路由选择方式，一种称为直接路由选择，另一种则是间接路由选择。对于直接路由选择，凡是属于同一个网络的计算机节点，IP 地址中具有相同的网络标识码（Net—ID），在 IP 数据报从发送者传送给接收者的过程中，进行直接路由选择。这种路由选择不经过网关。如果网络中的不同节点之间，IP 地址的网络标识码不同，就要作间接路由选择，IP 数据报报文从发送者发出后，中途要经过网关才能到达接收者的系统。这样，DARP A net 中的各个网络通过网关彼此相连，通信时的数据报经由一个一个网关的传送，直到最后送交数据报的接收节点。随着因特网的发展，网关的功能被赋予新的内容。DAPAnet 实现不同网络连接时路由选择的网关，用今天的观点来看，只不过是一种通常使用的路由器而已。

由于需要实现异型网络之间的联结，就存在不同网络协议之间的转换问题。一些不采用 TCP/IP 协议的网络，例如 X. 25 公共交换数据网，BITnet，它们在同因特网联结时，要求其间的网关不仅有路由器的功能，也要有网络协议转换的功能。所以现在一般把网关视为在不同网络之间实现协议转换并进行路由选择的专用网络通信计算机。一些计算机网络生产厂家为特定的网络协议转换和路由选择算法设计了专用网关，如 DEC 公司推出的"DECnet—X.25 网"网关，"DECnet—SNA 网（IBM）"网关等。

当两种不同的网络互联构成更大的网络时，实现网络间地址机制的映射、协议的转换、分组的分割与组装、网络间的控制以及送取权限与记账等功能的设备。

第三节　控制区域网——CAN

一、CAN 总线的发展

CAN 总线最初出现在 20 世纪 80 年代末的汽车工业中，由德国 Bosch 公司最先提出。当时，由于消费者对汽车功能的要求越来越多，而这些功能的实现大多是基于电子操作的，这就使得电子装置之间的通信越来越复杂，同时也意味着需要更多的连接信号线。这样会导致电控单元针脚数增加、线路复杂、故障增多及维修困难。提出 CAN 总线的最初动机就是为了解决现代汽车中庞大的电子控制装置之间的通信，减少不断增加的信号线。

CAN 总线被设计作为汽车环境中的微控制器通信，在车载各电子控制装置 ECU 之间交换信息，形成汽车电子控制网络。现代汽车典型的控制单元有电控燃油系统、电控传动系统、防抱死制动系统（ABS）、防滑控制系统（ASR）、废气再循环控制、巡航系统和空调系统等，这些系统中采用单片机作为直接控制单元，用于对传感器和执行部件的直接控制。每个单片机都是控制网络上的一个节点，一辆汽车不管有多少个电控单元，不管信息容量有多大，每个电控单元都只需引出两条导线共同接在节点上，这两条导线就称作数据总线（BUS）。

于是，就设计了这个单一的网络总线，让所有的外围器件挂接在该总线上。一个由 CAN 总线构成的单一网络中，理论上可以挂接无数个节点，但实际应用中，所挂接的节点数目会受到网络硬件的电气特性或（和）延迟时间的限制。

使用控制单元网络进行通信的前提是，各电控单元必须使用和解读相同的"电子语言"，这种语言称"协议"。汽车控制单元网络常见的传输协议有数种，为了使不同厂家生产的零部件能在同一辆汽车中进行有效、协调的工作，并实现与众多的控制与测试仪器之间的数据交换，就必须制定标准的通信协议。随着 CAN 在各种领域的应用和推广，1991 年 9 月 Philips Semiconductors 制定并发布了 CAN 技术规范（Version 2.0）。该技术包括 A 和 B 两部分。Version 2.0A 给出了 CAN 报文标准格式，而 Version 2.0B 给出了标准的和扩展的两种格式。1993 年 11 月 ISO 颁布了道路交通运输工具——数据信息交换——高速通信区域网（CAN）国际标准 ISO11898，为控制区域网的标准化和规范化铺平了道路。美国汽车工程学会（SAE）2000年提出的，1939，成为货车和客车中控制器区域网的通用标准。

在国外，尤其是欧洲，CAN被广泛地应用在汽车上，如Benz、BMW等。而于2001年12月9日上市的一汽大众汽车有限公司生产的宝来（BORA）轿车，已融合了许多高新技术，在动力传动系统和舒适系统中装用了两套CAN数据传输系统。正像汽车电子技术在20世纪70年代引入集成电路，80年代引入微处理器一样，90年代直到21世纪初总线技术在车用电子技术中的应用是一个重要的里程碑。

二、CAN总线的性能特点

CAN总线即控制器局域网络。由于其高性能、高可靠性及独特的设计，CAN越来越受到人们的重视。其应用范围目前已经不再局限于汽车行业，而向过程工业、机械工业、纺织机械、农用机械、机器人、数控机床、医疗器械及传感器等领域发展。

CAN总线是德国BOSCH公司从20世纪80年代初为解决现代汽车中众多的控制与测试仪器之间的数据交换而开发的一种串行数据通信协议，它是一种多主总线，通信介质可以是双绞线、同轴电缆或光导纤维。通信速率可达1MBPS。CAN总线通信接口中集成了CAN协议的物理层和数据链路层功能，可完成对通信数据的成帧处理，包括位填充、数据块编码、循环冗余检验、优先级判别等项工作。

CAN协议的一个最大特点是废除了传统的站地址编码，

而代之以对通信数据块进行编码。采用这种方法的优点可使
网络内的节点个数在理论上不受限制，数据块的标识码可由
11 位或 29 位二进制数组成，因此可以定义 211 个或 229 个不
同的数据块，这种按数据块编码的方式，还可使不同的节点
同时接收到相同的数据，这一点在分布式控制系统中非常有
用。数据段长度最多为 8 个字节，可满足通常工业领域中控
制命令、工作状态及测试数据的一般要求。同时，8 个字节不
会占用总线时间过长，从而保证了通信的实时性。CAN 协议
采用 CRC 检验并可提供相应的错误处理功能，保证了数据通
信的可靠性。CAN 卓越的特性、极高的可靠性和独特的设计，
特别适合工业过程监控设备的互联，因此，越来越受到工业
界的重视，CAN 已经形成国际标准，并已被公认为几种最有
前途的现场总线之一。

另外，CAN 总线采用了多主竞争式总线结构，具有多主
站运行和分散仲裁的串行总线以及广播通信的特点。CAN 总
线上任意节点可在任意时刻主动地向网络上其他节点发送信
息而不分主次，因此可在各节点之间实现自由通信。CAN 总
线协议已被国际标准化组织认证，技术比较成熟，控制的芯
片已经商品化，性价比高，特别适用于分布式测控系统之间
的数通信。CAN 总线插卡可以任意插在 PC AT XT 兼容机上，
方便地构成分布式监控系统。

CAN 属于总线式串行通信网络，由于其采用了许多新技
术及独特的设计，与一般的通信总线相比，C .AN 总线的数据
通信具有突出的可靠性、实时性和灵活性。其特点可概括为：

（1）CAN 为多主方式工作，网络上任一节点均可在任意
时刻主动地向网络上其他节点发送信息，而不分主从，通信

方式灵活，且无须站地址等节点信息。利用这一特点可方便地构成多机备份系统。

（2）CAN 网络上的节点信息分成不同的优先级，可满足不同的实时要求，高优先级的数据最多可在 134us 内得到传输。

（3）CAN 采用非破坏性总线仲裁技术，当多个节点同时向总线发送信息时，优先级较低的节点会主动地退出发送，而最高优先级的节点可不受影响地继续传输数据，从而大大节省了总线冲突仲裁时间。尤其是在网络负载很重的情况下也不会出现网络瘫痪情况。

（4）CAN 只需通过报文滤波即可实现点对点、一点对多点及全局广播等几种方式传送接收数据，无须专门的"调度"。

（5）CAN 的直接通信距离最远可达 10km（速率 kbps 以下）；通信速率最高可达 1Mbps（此时通信距离最长为 40km）。

（6）CAN 上的节点数主要取决于总线驱动电路，目前可达 110 个；报文标识符可达 2032 种。

（7）采用短帧结构，传输时间短，受光干扰概率低，具有极好的检错效果。

（8）CAN 的每帧信息都有校验 CRC 及其他检错措施，保证了数据出错率极低。

（9）CAN 节点在错误严重的情况下具有自动关闭输出功能，以使总线上其他节点的操作不受影响。

三、CAN 总线的技术介绍

(一) 位仲裁

要对数据进行实时处理，就必须将数据快速传送，这就

　　要求数据的物理传输通路有较高的速度。在几个站同时需要发送数据时，要求快速地进行总线分配。实时处理通过网络交换的紧急数据有较大的不同。一个快速变化的物理量，如汽车引擎负载，将比类似汽车引擎温度这样相对变化较慢的物理量更频繁地传送数据并要求更短的延时。

　　CAN 总线以报文为单位进行数据传送，报文的优先级结合在 11 位标识符中，具有最低二进制数的标识符有最高的优先级。这种优先级一旦在系统设计时被确立后就不能再被更改。总线读取中的冲突可通过位仲裁解决。当几个站同时发送报文时，站 1 的报文标识符为 011111；站 2 的报文标识符为 0100110；站 3 的报文标识符为 0100111。所有标识符都有相同的两位 01，直到第 3 位进行比较时，站 1 的报文被丢掉，因为它的第 3 位为高，而其他两个站的报文第 3 位为低。站 2 和站 3 报文的 4 位、5 位、6 位相同，直到第 7 位时，站 3 的报文才被丢失。注意，总线中的信号持续跟踪最后获得总线读取权的站的报文。在此例中，站 2 的报文被跟踪。这种非破坏性位仲裁方法的优点在于，在网络最终确定哪一个站的报文被传送以前，报文的起始部分已经在网络上传送了。所有未获得总线读取权的站都成为具有最高优先权报文的接收站，并且不会在总线再次空闲前发送报文。

　　CAN 具有较高的效率是因为总线仅仅被那些请求总线悬而未决的站利用，这些请求是根据报文在整个系统中的重要性按顺序处理的。这种方法在网络负载较重时有很多优点，因为总线读取的优先级已被按顺序放在每个报文中了，这可以保证在实时系统中较低的个体隐伏时间。

　　对于主站的可靠性，由于 CAN 协议执行非集中化总线控制，所有主要通信，包括总线读取（许可）控制，在系统中分几次完成。这是实现有较高可靠性的通信系统的唯一方法。

（二）CAN 与其他通信方案的比较

实践中，有两种重要的总线分配方法：按时间表分配和按需要分配。在第一种方法中，不管每个节点是否申请总线，都对每个节点按最大期间分配。由此，总线可被分配给每个站并且是唯一的站，而不论其是立即进行总线存取或在特定时间进行总线存取。这将保证在总线存取时有明确的总线分配。在第二种方法中，总线按传送数据的基本要求分配给一个站，总线系统按站所希望的传送分配（如：Ethernet CSMA/CD）。因此，当多个站同时请求总线存取时，总线将终止所有站的请求，这时将不会有任何一个站获得总线分配。为了分配总线，多于一个总线存取是必要的。

CAN 实现总线分配的方法，可保证当不同的站申请总线存取时，明确地进行总线分配。这种位仲裁的方法可以解决当两个站同时发送数据时产生的碰撞问题。不同于 Ethernet 网络的消息仲裁，CAN 的非破坏性解决总线存取冲突的方法，确保在不传送有用消息时总线不被占用。甚至当总线在重负载情况下，以消息内容为优先的总线存取也被证明是一种有效的系统。虽然总线的传输能力不足，所有未解决的传输请求都按重要性顺序来处理。在 CSMA/CD 这样的网络中，如 Ethernet，系统往往由于过载而崩溃，而这种情况在 CAN 中不会发生。

(三) CAN 的报文格式

在总线中传送的报文，每帧由 7 部分组成。CAN 协议支持两种报文格式，其唯一的不同是标识符（ID）长度不同，标准格式为 11 位，扩展格式为 29 位。

在标准格式中，报文的起始位称为帧起始（SOF），然后是由 11 位标识符和远程发送请求位（RTR）组成的仲裁场。RTR 位标明是数据帧还是请求帧，在请求帧中没有数据字节。

控制场包括标识符扩展位（IDE），指出是标准格式还是扩展格式。它还包括一个保留位（ro），为将来扩展使用。它的最后四个字节用来指明数据场中数据的长度（DLC）。数据场范围为 0~8 个字节，其后有一个检测数据错误的循环冗余检查（CRC）。

应答场（ACK）包括应答位和应答分隔符。发送站发送的这两位均为隐性电平（逻辑 1），这时正确接收报文的接收站发送主控电平（逻辑 0）覆盖它。用这种方法，发送站可以保证网络中至少有一个站能正确接收到报文。

报文的尾部由帧结束标出。在相邻的两条报文间有一很短的间隔位，如果这时没有站进行总线存取，总线将处于空闲状态。

四、CAN 总线的技术特点

目前，除了有大量可用的低成本的 CAN 接口器件之外，CAN 之所以在世界范围内得到广泛认可是由于它具有如下突出的特点。

多主方式及面向事件的信息传输：只要总线空闲总线系

统中的任何一个节点都可发送信息，所以，任何一个节点均可以与其他的节点交换信息。这一特点非常重要，因为正是它才使面向事件的信息传输成为可能。

帧结构：CAN 总线的数据帧由 7 部分组成：帧起始、仲裁场、控制场、数据场、CRC 场、应答场、帧尾。其中帧起始由一个单独的"显性"位（bit）组成，仲裁场由 29bit 组成（早期版本为 11bit），控制场由 6bit 构成，数据场由 0 至 8byte 的数据组成，不能多于 8 字节，CRC 场由 16bit 组成，应答场由 2bit 构成，帧尾由 7bit（"隐性"）组成。

每个帧都具有一定的优先权，帧的优先权是由帧的仲裁场（又称为帧标识，用 ID 表示）决定的。

非破坏性仲裁（CSMA/CD）方式：与普通的 Ethernet 不同，CAN 总线访问仲裁是基于非破坏性的总线争用仲裁（Non Destructive bitwise Arbitration）方案。当总线空闲时，线路表现为"闲置"电平（recessive level），此时任何站均可发送报文，任何节点都可以开始发送信息帧，这样就可能导致两个以上的节点同时开始访问总线。CAN 的物理层具有如下特性：只有当所有的节点都写入从属位（1，recessive level），网络上才是 1，只要有一个节点写入决定位（0，dominant level），网络上就是 0，也就是说，决定位覆盖从属位；CAN 总线上的任何一个节点写总线的同时也在读总线。为了防止破坏另一个节点的发送帧，一个节点在发送帧标识和 RTR 位的过程中一直在监控总线，一旦检测到发送隐性位得到一个显性位，则表明有比自己优先权高的节点在使用总线，节点自动转入监听状态，检验是不是自己需要的数据。优先权高的信息帧不会被破坏而是继续传输。这种仲裁原则保证了最高优先权的信息帧在任何时间都可优先发送，同时充分地利用了总线的带宽。

五、CAN 总线的应用优势及发展

（一）CAN 总线的应用优势

1.信息共享

采用 CAN 总线技术可以实现各 ECU 之间的信息共享，减少不必要的线束和传感器。例如，具有 CAN 总线接口的电喷发动机，其他电气可共享其提供的转速、水温、机油压力、机油温度、油量瞬时流速等，这样一方面可省去额外的水温、油压、油温传感器：另一方面可以将这些数据显示在仪表上，便于司机检查发动机运行工况，从而便于发动机的保养维护。

2.减少线束

新型电子通信产品的出现对汽车的综合布线和信息的共享交互提出了更高的要求，传统的电气系统大多采用点对点的单一通信方式，相互之间少有联系，这样必然造成庞大的布线系统。据统计一辆采用传统布线方法的高档汽车中，其导线长度可达2000米，电气节点达1500个，而且该数字大约每十年增长1倍。这种传统布线方法不能适应汽车的发展。CAN 总线可有效减少线束，节省空间。例如某车门—后视镜、摇窗机、门锁控制等的传统布线需要 20—30 根，应用总线 CAN 则只需要 2 根。

3.关联控制

在一定事故下，需要对各 ECU 进行关联控制，而这是传统汽车控制方法难以完成的。CAN 总线技术可以实现多 ECU 的实时关联控制。在发生碰撞事故时，汽车上的多个气囊可通过 CAN 协调工作，它们通过传感器感受碰撞信号，通过 CAN 总线将传感器信号传送到一个中央处理器内，控制各安全气囊的启动弹出动作。

(二) CAN 总线的发展趋势

近年来，由于企业规模的不断扩大，生产过程控制系统也越来越复杂，系统的非线性增强、时滞增大，而且很难给系统的每个环节建立精确的数学模型，这就要求模糊逻辑控制的应用。现场总线的强大网络功能实现集中化管理，而对必要的现场环节实行分散的模糊控制。

随着企业管理水平和信息化水平的提高、集成电路技术和计算机技术的发展，必然要求处于底层的现场总线测控网段与企业高层的管理网络互联，以便及时了解生产现场状况并实现管理和控制现场的操作。因此，CAN 总线网络将进一步发展，通过网关或网桥向上与企业管理系统以太网连接构成管控一体化网络。

第五章 电气自动化控制技术的应用

电气自动化控制技术可以在更多的领域中实现价值。现阶段的电气自动化控制技术集成了现代很多高端的科学技术，包括信息技术、电子技术、计算机技术、智能控制等，新时期的电气自动化控制技术，有效地将这些先进技术融于一体，将具有更多的功能，而且操作简便、更加安全可靠。新时期的电气自动化控制技术可以应用在更多领域，比如军事工业、建筑业、生产企业等。计算机技术的不断成熟与发展，为电气自动化控制技术水平的提高创造了条件，计算机技术可以使电气自动化控制系统进行最优化控制，监控管理生产设备，提高当代企业的自动化程度。

第一节 电气自动化控制技术在工业中的应用

20世纪中叶，在电子信息技术、互联网智能技术的发展影响下，工业电气自动化技术初步应用于社会生产管理中，经过半个多纪的发展，工业电气自动化技术的发展日臻成熟，逐渐应用于社会生产、生活的方方面面，对于电子信息时代的发展具有至关重要的时代意义。进入信息化时代以来，人们的生产、生活观念同步变化，对工业电器行业的发展提出更高的要求，工业电气系统不得不进行与时俱进的改革。同时，随着电气自动化技术水平的日益完善，电气自动化技术在工业电气系统的发展已成为必然趋势，具有跨时代的研究价值，对于社会经济的发展有着十分重要的推动意义，可以进一步推动国家的繁荣昌盛。

一、电气自动化控制工业应用发展现状

工业电气自动化的应用能够促进现代工业的发展，它可以有效节约资源，降低生产成本，为我国带来更大的经济效益和社会效益。工业电气自动化技术能够有效提升我国电气化技术的使用水平，有效缩短我国在工业电气自动化方面与国外发达国家之间的差距，促进我国国民经济的快速发展。很多 PLC 厂商依照可编程控制器的国际标准 IEC61131，推出很多符合该标准的产品和软件。在工业电气自动化领域，电气自动化技术的应用为工业领域添加了新活力，我们可以通过现场总线控制系统连接自动化系统和智能设备，解决系统之间的信息传递问题，对工业生产具有重大的意义。现场总线控制系统与其他控制系统相比具有很多优势和特点，如智能化、互用性、开放性、数字化等，已被广泛应用于生产的各个层面，成为工业生产自动化的主要方向。

1.科技的不断发展推动了电气自动化的快速发展，使得电气自动化被广泛应用于工业生产中，各类自动化机械正逐步替代人工进行工作，或是做着一些由于环境危险人工无法完成的工作，有效节约了生产成本和时间，提升了工作效率，为企业带来了更大的经济效益。同时，工业电气自动化技术

也被广泛应用于人们的日常活动中。为了给社会培养更多电气自动化人才，我国很多高校都开设了电气自动化专业。我国电气自动化专业最早出现于 20 世纪 50 年代，各高校开展电气自动化专业仅经过半个多世纪的发展就取得了显著的成就，再加上电气自动化有专业面宽、适用性广的特点，经过国家几次大规模调整，电气自动化技术仍然具有蓬勃的发展前景。近年来，随着电子科技的不断发展，推动了工业电气自动化技术在各个工业生产领域和人们日常活动中的应用，并取得了显著成效。纵观工业电气自动化的发展历程，信息技术的快速发展直接决定了工业电气的自动化发展，并为工业电气自动化的发展提供了基础，同时，也推动了工业电气自动化技术的应用。大规模的集成电路为工业电气自动化的应用提供了设备依赖，使物理科学固体电子学对工业电气自动化的发展产生了重要影响。

2. 电气自动化控制工业具体应用。随着时代的发展，工业电气自动化推动了现代工业的发展。提升了我国电气自动化技术的水平，增强了我国工业实力。国家标准 EC61131 的颁布为 PLC 设计厂商提供了可编程控制器的参考，为工业电气自动化技术的应用增添了新的活力。可以实现现场总线控制系统与智能设备、自动化系统的连接，以此解决各个系统之间信息传递存在的问题。对工业生产具有重要影响。例如，数字化、开放性、互用性、智能化的电气自动化发展方向，逐渐在工业生产中实现，在对其系统结构设置时也广泛应用到生产活动的各个层面中。

设备与化工厂之间的信息交流在现场总线控制系统建立的基础上逐渐加强，为它们之间的信息交流提供了便利，现场总线控制系统还可以根据具体的工业生产活动内容设定，针对不同的生产工作需求，建立不同的信息交流平台。

二、电气自动化控制工业应用发展策略

1.统一电气自动化控制系统标准

电气自动化工业控制体系的健全和完善，与拥有有效对接服务的标准化系统程序接口是分不开的，在电气自动化实际应用过程中，可以依据相关技术标准规范、计算机现代化科学技术等，推动电气自动化工业控制体系的健康发展和科学运行，不仅能够节约工业生产成本、降低电气自动化运行的时间、减少工业生产过程中相关工作人员的工作量，还能够简化电气自动化在工业运行中的程序，实现生产各部之间数据传输、信息交流、信息共享的畅通。例如，在有效对接相同企业的 EMS 实践系统、E 即体系的过程中，可以通过自动化技术与计算机平台科学处理生产活动中的各类问题，统一办公环境的操作标准，另外在统一电气自动化控制系统标准还能够推动创建自动化管理的标准化程序的进程，解决不同程序结构之间的信息传输问题，因此，可以将其作为电气自动化控制工业的未来发展应用主体结构类型。

2.架构科学的网络体系

架构科学的网络体系，有利于推动电气自动化控制工业的健康化、现代化、规范化发展，发挥积极的辅助作用实现现场系统设备的良好运行，促进计算机监控体系与企业管理体系之间交叉数据、信息的高效传递。同时企业管理层还可以借用网络控制技术实现对现场系统设备操作情况的实时监

控，提高企业管理效能。而且随着计算机网络技术的发展，在电气自动化控制网络体系中还要建立数据处理编辑平台，营造工业生产管理安全防护系统环境，因此，建立科学的网络体系，完善电气自动化控制工业体系，发挥电气自动化的综合运行效益。

3.完善电气自动化系统工业应用平台

完善电气自动化系统工业应用平台则需建立健康、开发、标准化、统一的应用平台，对电气自动化控制体系的规范化设计、服务应用具有重要作用和影响。良好的电气自动化系统工业应用平台能够为电气自动化控制工业项目的应用、操作提供支撑保障，并发挥积极的辅助作用在系统运行的各项工作环节中，有效地缓解工业生产中电气自动化设备的实践、应用所消耗的经济成本，同时还可以提升电气设备的服务效能和综合应用率，满足用户的个性化需求，实现独特的运行系统目标。在实际应用中，可以根据工业项目工程的客户目标、现实状况、实际需求等运行代码，借助计算机系统中 CE 核心系统、操作系统中的 NT 模式软件实现目标化操作。

三、工业电气自动化控制技术的意义与前景

工业电气自动化技术在工业电气领域的应用，其意义通常在于对市场经济的推动作用和生产效率的提升效果两方面。在市场经济的推动作用方面，工业电气自动化技术的应用在实现各类电器设备最大化使用价值的同时，有效强化工业电气市场各个部门之间的衔接，保证工业电气管理系统的制度性发展，以工业电气管理系统制度的全面落实确保工业电气

系统的稳定快速发展，切实提升工业电气市场的经济效益，进而促进整体市场经济效益的提升。在生产效率的提升效果方面，工业电气自动化技术的应用可以提升工业电气自动化管理监督的监控力度，进行市场资源配置的合理优化和工业成本的有效控制，同时给生产管理人员提供更加精确的决策制定依据，在降低工业生产人工成本的同时，提升工业生产效率，促使工业系统的长期良性循环发展。

通过工业电气自动化的发展，可以有效地节约在现代工业、农业及国防领域的资源，降低成本费用，从而取得更好的经济和社会效益。随着我国工业自动化水平的提高，我们可以实现自主研发，缩短与世界各国之间的距离，从而推动国民经济的发展。我国的工业电气自动化企业应完善机制和体制，确立技术创新为主导地位，通过不断地提高创新能力，努力研发更好的电气自动化产品和控制系统。通过加强我国电气自动化的标准化和规范化生产，以科学发展观为指导思想，以人为本，学习先进的技术和经验，充分发挥人的积极性，从而加快企业转变经济增长方式，使我国的工业电气自动化技术和水平得到发展和提高。

随着我国工业电气自动化技术的发展，社会各界对其的关注度不断提高。为了实现工业电气自动化生产的规模化和规范化，应当不断规范我国电气传动自动化技术领域的相关标准。同时，为了进一步推动我国工业电气自动化技术的发展，提升我国工业电气自动化技术的自主研发能力，应当进一步完善相关体制、机制和环境政策，为企业自主研发电气自动化系统和产品提供发展空间，通过不断地提高我国工业电气自动化技术的创新能力，推动工业电气自动化生产企业经济增长方式的改变和工业电气自动化技术科学发展的新局面。通过相关的分析可知，我国工业电气自动化会不断朝着分布式信息化和开放式信息化的方向发展。

四、工业电气自动化技术的应用

(一) 工业电气自动化技术的应用现状

在互联网信息技术的推动下，现有的工业电气自动化技术以包括计算机网络技术、多媒体技术等的订信息技术为核心，结合诸如计算机 CAD 软件技术等人工智能技术，进行工业电气系统的故障实时监测和诊断，进行工业电气系统的全面有序控制，逐步实现工业电气系统的管理优化和完善。同时，当前形势下，工业电气自动化技术的应用关键在于工业电气仿真模拟系统的实现，以工业电气仿真系统辅助相关工作人员进行工业电气数据的事前勘测，为相关工作人员提供更加先进的电气研究系统，进而深入进行工业电气系统的研究。此外，当前的工业电气自动化技术以 IEC61131 为标准，运用计算机操作系统，建立工业电气系统的开放式管理平台，操作灵活，管理有效，维护有序，工业电气系统的自动化发展初见成效。

(二) 工业电气自动化技术的应用改革

在工业电器系统的发展中，工业电气自动化技术的应用改革关键在于计算机互联网技术的应用和可编程逻辑控制器技术的应用。在工业电气自动化的计算机互联网技术应用中，计算机互联网技术的关键作用在于控制系统的高效性，进行工业电气配电、供电、变电等各个环节的全面系统性控制，实现工业电气配电、供电、变电等的智能化开展，配电、供电、变电等操作的效益更加高效，工业电气系统的综合效益得以有效提高。同时，工业电气自动化技术的应用可以实现工业电气电网调度的自动化控制，进行电网调度信息的智能化采集、传送、处理和运作等环节，工业电气系统的智能化效果更加显著，最大化经济效益得以实现。在工业电气自动化的 PLC 技术的应用中，借由 PLC 技术的远程自动化控制性能，自动进行工业电气系统工作指令的远程编程，有效地过滤工业电气系统的采集信息，快速高效地进行工业电气过滤信息的处理和储存，在工业电气系统的温度、压力、工作流等方面的控制效果明显，可以进行工业电气系统性能的全面完善，提高工业电气系统的工作效益，进而实现市场经济效益的全面提升，加快我国国民经济和社会经济的发展进程。

第二节 电气自动化控制技术在电力系统中的应用

随着科学技术不断发展，电气自动化技术对电力系统的作用也越来越重要。虽然我国对应用于电力系统中的电气自动化技术研究起步比较晚，但近年来还是取得了一定的成绩。当然，目前国内的这些技术与国外先进水平相比，仍存在比较大的差距。所以，对应用在电力系统中的电气自动化技开展与研究已经迫在眉睫。显而易见，电气自动化控制技术在监测、管理、维修电力系统的步骤都有着很大的影响，它能通过计算机了解电力系统实时的运行情况并可以有效解决电力系统在监测、报警、输电等过程中存在的问题，它扩大了电力系统的传输范围，让电力系统输电和生产效率得到了很大的提高，让电力系统的运营获得了更高的经济价值，进而促进了电气自动化控制在我国电力系统的实施。

科学技术的日益进步和信息化的快速发展是电力系统不断前进的根本推力。随着计算机技术在电力系统中不断向前发展，近年来，电力行业突飞猛进，电气自动化控制技术的发展已成为我国目前电力系统发展的主要问题。在这种趋势下，传统的运行模式已满足不了人们日益增长的需求，为了解放劳动生产力、节约劳动时间、降低劳动成本和促进资源的合理利用，电气自动化控制技术便应运而生，而传统的模式便退出舞台。电气自动化就成为电力行业的霸主。电气自动化主要是利用现如今最先进的科技成果和顶尖的计算机技术对电力系统的各个环节和进程进行严格的监管和把控，从而保证电力系统的稳定和安全。目前，电气自动化技术已渗透至各个领域，所以对电气自动化技术的深入了解和分析对国民经济的发展有划时代意义。

一、电力系统中应用电气自动化控制技术的应用概述

(一) 电力系统中应用电气自动化控制技术的发展现状

伴随着我国经济社会发展进程的日益推进，各行各业和家庭生活中对于电力的需求量与日俱增，我国电网系统的规模也在日趋增大，传统的供变电和输配电控制技术必然无法满足现阶段日益增高的电力生产和配送的要求。由于电气自动化控制技术具有高效、快捷、稳定、安全等优势，符合我

国电力系统的发展更多元、更复杂、更广泛的特点，能够切实降低电力生产成本、提高电力生产和配送效率、保障电力供应安全稳定，进对提升电力企业的竞争力和企业价值具有非常重要的促进作用，因而电气自动化控制技术在我国电力系统中得到了非常广泛的应用。目前，我国的电力系统中对于电气自动化控制技术的应用已日趋成熟和完善。

(二) 电力系统中电气自动化控制技术的作用和意义

近些年来，我国科学技术日益进步，尤其是在计算机技术领域和 PLC 技术领域不断取得崭新的科技成果，使得我国的电气自动化技术也获得了飞速发展。

这其中，计算机技术称得上是电力系统中电气自动化技术的核心。其重要作用在供电、变电、输电、配电等电力系统的各个核心环节均有体现。正是得益于计算机技术的快速发展，我国涉及各个区域、不同级别的电网自主调动系统才得以实现。同时，正是依赖于计算机技术，我国的电力系统才实现了高度信息化的发展，大大提高了我国电力系统的监控强度。

PLC 技术是电气自动化控制技术中的另一项至关重要的技术。它是对电力系统进行自动化控制的一项技术，使得对于电力系统数据信息的收集和分析更加精确、传输更加稳定可靠，有效降低了电力系统的运行成本，提高了运行效率。

(三) 电力系统中电气自动化控制技术的发展趋势

现阶段，电气自动化控制技术很大幅度提高了电力系统的工作效率还有安全性，改变了传统的发电、配电、输电形式，减少了电力工作人员的负荷，并对其安全起到了积极的作用。同时，该技术改变了电力系统的运行，让电力工作人员在发电站内就可以监测整个电力网络的运行并可以实时采集运行数据。我认为，以后的电气自动化控制会在一体化方面有所突破，现阶段的电力系统只能实现一些小故障的自主修理，对于一些稍微大一点的故障计算机还是束手无策。在人工智能化逐渐提高的未来，相信这一难题也会被我们攻克。将电力系统的检测、保护、控制功能三位一体化，我们的电力系统将会更加安全和经济。

随着经济的日益发展，电气自动化控制技术在电力系统中得到了越来越广泛的应用。随着我国科技的不断进步，电气自动化控制技术也将向水平更高、技术更多元的方向发展，诸如信息通信技术、多媒体信息技术等科学技术，也将被纳入电气自动化的应用范畴。具体说来，可大致分为以下几个方面：

第一，我国电力系统中电气自动化技术的发展已趋于国际标准化。我国电力行业为了更好地与国际接轨、开拓国际市场，也对我国的电气自动化的技术研发实施了国际统一标准。

第二，我国电力系统中电气自动化技术的发展已趋于控制、保护、测量三位一体化。在电力系统的实际运行中，将控制、保护、测量三者的功能进行有效的组合和统一，能够有效提高系统的运行稳定性和安全性，简化工作流程、减少资源重复配置、提高运行效率。

第三，我国电力系统中电气自动化技术的发展已趋于科技化。随着电气自动化在我国电力系统中的应用范围的不扩宽，其对计算机技术、通信技术、电子技术等科学技术的要求也不断提高。将先进的科学技术成果，不断应用到电力系统的实际工作中，将是电气自动化技术在我国电力系统中发展的另一大趋势。

二、电气自动化控制技术在电力系统中的具体应用

(一) 电气自动化控制的仿真技术

我国的电气自动化控制技术不断和国际接轨。随着我国科技的进步和自主创新能力的增强，电力系统中关于电气自动化技术的研究逐渐深入，相关科研人员已经研究出了达到国际标准的可直接利用的仿真建模技术，大大提高了数据的精确性和传输效率。仿真建模技术不仅能对电力系统中大量的数据信息进行有效的管理，还能够构建出符合实际状况的模拟操作环境，进而有助于实施对电力系统的同步控制。同时，针对电气设备产生的故障，还能够有效地进行模拟分析，从而排除故障，提高系统的运行效率。另外，该项技术还有利于对电力系统中电气设备进行科学合理的测试。

仿真技术在实际的应用中需要诸多技术的支持，其核心技术是信息技术，以计算机及相关的设备作为载体，综合应用了系统论、控制论等一系列的技术原理，实现对系统的仿真，从而实现对系统的仿真动态试验。应用仿真技术能够有效地对不同的环境进行模拟，从而在正式的试验之前预先进行仿真试验，进一步确保电力系统运行的稳定与可靠。通常情况下，仿真试验会作为项目可行性论证阶段的试验，只有确保仿真试验通过以后才能够正式的进行实验室试验。采用仿真技术，电力系统就可以直接通过计算机的 TCP/IP 协议

对电力系统运行中的信息和数据进行采集，然后通过网络传送到发电厂的数据信息终端中，具备一定仿真模拟技术的智能终端设备就可以快速地对电力系统运行过程中的各项信息数据进行审核评估。通过将仿真技术应用电力系统运行当中，电力系统在运行性中可以直接地采集运行的信息和数据并做出判断，确保电力系统在运行过程中能够及时地发现故障。

（二）电气自动化控制的人工智能控制技术

人工智能是以计算机技术为基础，通过对程序运行方式进行优化，从而让计算机实现对数据的智能化收集与分析，通过计算机来模拟人脑的反应与操作，从而实现智能化运行的一种技术。人工智能技术最主要的核心技术还是计算机技术，其在运行的过程中依赖于先进的计算机技术与数据处理技术，其在电力系统中的应用能够有效地提高电力系统的运行水平。通过人工智能技术应用到电力系统中，大大提高了设备和系统的自动化水平，实现了对电力系统运行的智能化、自动化和机械化的操作和控制。电力系统中采用人工智能技术主要是对电力系统中的故障进行自动检查并将故障信息进行反馈，从而使电力系统发生故障时能够得到及时的维修。当电力系统出现故障后其主要工作方式是电人工智能技术中的馈线安装自动化终端会通过对电力系统故障进行分析，并将故障数据信息通过串口 232 或 485 和 DTU 的终端进行连接，然后在 3G 或 2G 基站的作用下通过路由器上传至电力系统中发电场的检测中心进行检测。最后检查中心在较短的时间内对故障数据信息进行检测从而发展发生故障的原因，进而能够及时地对电网系统进行维修。

人工智能控制技术极大地促进了我国电力系统的安全性、稳定性和可控性。对于复杂的非线性系统而言，智能控制技术具有无法替代的重要作用。电力系统中智能控制技术的应用，不但提高了系统控制的灵活性、稳定性，还能增强系统及时发现和排除故障的能力。在实际运行中，只要电力系统的某个环节出现故障，智能控制系统都能及时发现并做出相应的处理。同时，工作人员还能够利用智能控制技术对电网系统进行远程控制，这大大提高了工作的安全性，增强了电力系统的可控性，进而提高了电力系统整体的工作效率。

(三) 电气自动化控制的多项集成技术

电力系统中运用电气自动化的多项集成技术，对系统的控制、保护与测量等工程进行有机的结合，不仅能够简化系统运行流程，提高运行效率，节约运行成本，还能够提高电力系统的整体性，便于对电力系统的环节进行统一管理，从而更好地满足不同客户的用电需求，提升电力企业的综合竞争力。

(四) 电气自动化控制技术在电网控制中的应用

电网的正常运行对于电力系统输配电的质量有着关键性的作用。电气自动化控制技术能够实现对电网运行状况的实时监控，并能够对电网实行自动化调度。在有效地保障了输配电效率的同时，促进了电力企业改变传统生产和配送模式，不断走向现代化，提高了企业的生产和经营效率。电网技术的发展离不开计算机技术和信息化技术的飞速进步。电网技术包括对电力系统中的各个运行设备进行实时监测，在提高对电力系统运行数据信息的收集效率、使得工作人员能够实时掌控设备运行情况的同时，更能够自动、便捷地排除故障设备，并且已经可以自动维修一些故障设备，大大提高了对电气设备的检修、维护的效率，加快了电力生产由传统向智能化转变的进程。

(五) 计算机技术的应用

从技术层面来分析，电气自动化控制技术取得成功最重要的就是和计算机技术结合并在电力系统中得到广泛的利用。电子计算机技术被应用在电力系统的运行检修、报警、分配电力、输送电力等重要环节，它可以实现控制系统的自动化，计算机技术中应用最广泛的就是智能电网技术了，运用计算机技术我们可以利用复杂的算法对各个电网分配电力。智能电网技术代替了人脑对配电等需要高强度计算的作业，被广泛应用在发电站和电网之间的配电和输电过程中，减轻了电力工作人员的负担而且降低了出错的概率。电网的调度技术在电力系统中也是很重要的一个应用，它直接关系到电力系统的自动化水平，它的主要工作是对各个发电站和电网进行信息收集，然后对信息进行分类汇总，让各个发电站和电网之间实现实时沟通联系，进行线上交易，同时它还可以对我们的电力系统和各个电网的设备进行匹配，提高设备的利用率，降低电力的成本。同时它还有记录数据的功能，可以实时查看电力系统的各项运行状态。

(六) 电力系统智能化

就现在的科技水平而言，我们已经在电力系统设备的主要工作原件、开关、警报等设备方面实现了智能化。这意味着我们能通过计算机控制危险设备的开关、对主要的发电设备进行实时监测并实现报警功能。智能化技术在运行过程中可以收集设备的运行数据，方便我们对电力系统的监控和维护，而且可以通过数据分析出设备存在的问题，起到预防的作用。在以后的智能化实验中，我们着力研究输电、配电等设备的智能化。

　　传统的电力系统需要定期指派人员进行检测和检修工作，在电气自动控制之后，我们的电力系统可以实现实时在线监控，记录设备运行过程中的每一个数据，并且能够实现有效地跟踪故障因素，通过对设备记录数据的研究和分析及时发现设备存在的隐患，并鉴别故障的程度，如果故障程度较低可以实现自我修复，如果较高可以起到警报作用。这一技术不仅提高了电力系统的安全性，而且还降低了电力设备的检修成本。

(七) 变电站自动化技术的应用

　　电力系统中最重要的一环就是变电站，发电站和各个电网之间的联系就是变电站。变电站的自动化主要是在计算机技术应用的基础上。要实现电力系统整体的电气控制自动化，不可缺少的环节就是实现变电站自动化。在变电站自动化中，不仅一次设备比如变压器、输电线或者光缆实现了自动化、数字化，它的二次设备也部分实现了自动化，比如某些地区的输电线已经升级为了计算机电缆、光纤来代替传统的输电线。电气自动控制技术可是在屏幕上模拟真实的输电场景，并记录每个时刻输电线中的电压，不仅对输电设备进行了监控，还对输电中的数据进行了实时记录。

(八) 数据采集与监视控制系统的应用

数据采集与监视控制系统的简称为 SCADA 系统，是以计算机为基础的分布控制系统与电力自动化监控系统，在电网系统生产过程实现调度和控制的自动化系统。其主要是对在电网运行过程中对电网设备进行监视和控制，进而实现对电网系统的采集、信号的报警、设备的控制和参数的调节等功能，在一定程度上促进了电网系统安全稳定运行。在电网系统中加入 SCADA 系统，不仅能够有效地保障电力调度工作，还能够使电网系统的运行更加智能化和自动化。SCADA 系统的应用，能够有效地降低电力工作人员的工作强度，保障电网的安全稳定运行，从而促进电力行业的发展。

第三节　电气自动化控制技术在楼宇自动化中的应用

在现代的城市建筑中，随着科学技术和建筑行业的高速发展，城市建筑的质量和性能都得到了大幅度提升，并且随着信息技术的在社会各领域中的广泛应用，从而大幅度提高了现代建筑的性能。其中电气自动化就是现代城市建筑中应用最为广泛的技术，该技术能够大幅度提高建筑的性能，从而提高人们的生活质量，与此同时，在电气自动化的不断应用过程中，其本身也进行了相应的发展，从而使得电气自动化的水平得到了大幅度提高。然而就我国电气自动化在现代建筑自控系统中应用的实际情况而言，其中还存在一些较为严峻的问题，这些问题不仅影响到建筑的质量和性能，甚至还可能留下极大的安全隐患，进而威胁到建筑用户的生命财产安全。因此，为了提高楼宇自控系统的水平，加大对电气自动化的分析研究力度就显得尤为重要。

一、楼宇自动控制系统概述

所谓的自控系统其实就是建筑设备的一种自动化控制系统，而建筑设备通常则是指那些能够为建筑所服务或者能够为人们提供一些基本生存环境所必须要用到的设备，在现代的房屋建筑中，随着人们生活水平的不断提高，这些设备也越来越多，在居民家中通常都会应用到空调设备和照明设备以及变配电设备等，而这些设备都能够通过一定的科学技术和手段来这些设备的自动化控制，从而就能够将这些设备更加合理利用，与此同时，将这些设备实行自动化管理不仅能够节省大量的能源资源以及人力物力，还能够使这些设备更加安全稳定的运行。而随着科学技术的高速发展，在现代的建筑领域中，各种建筑理论和建筑技术都得到了快速发展，并且各种先进的建筑理论和建筑技术也层出不穷，从而为现代建筑实现电气自动化创造了有利条件。

楼宇自控系统是建筑设备自动化控制系统的简称。建筑设备主要是指为建筑服务的、那些提供人们基本生存环境(风、水、电)所需的大量机电设备，如暖通空调设备、照明设备、变配电设备以及给排水设备等，通过实现建筑设备自动化控制，以达到合理利用设备，节省能源、节省人力，确保设备安全运行之目的。

前些年人们提到楼宇自控系统，主要所指仅仅是建筑物内暖通空调设备的自动化控制系统，近年来已涵盖了建筑中的所有可控的电气设备，而且电气自动化已成为楼宇自控系统不可缺少的基本环节。在楼宇自控系统中，电气自动化系统设计占有重要的地位。最近几年，随着社会经济的发展，人们的生活水平不断提高，因此人们对现代的建筑也提出了更高的要求，因此在现代建筑中楼宇自控系统应运而生，然而在之前所谓的楼宇自控系统通常只是局限于建筑物内的一些空调设备的，因此，为了提高楼宇自控系统的水平，加大对电气自动化的分析研究力度不仅意义重大，而且迫在眉睫。本文从电气接地出发，对电气自动化进行了深入的分析，然后对电气自动化在楼宇自控系统中的应用进行了详细阐述。希望能够起到抛砖引玉的效果，使同行相互探讨共同提高，进而为我国建筑行业的发展添砖加瓦。

二、电气接地

在建筑物供配电设计中，接地系统设计占有重要的地位，因为它关系到供电系统的可靠性，安全性。尤其近年来，大量的智能化楼宇的出现对接地系统设计提出了许多新的内容。目前的电气接地主要有以下两种方式。

(一) TN-S 系统

TN-S 是一个三相四线加 PE 线的接地系统。通常建筑物内设有独立变配电所时进线采用该系统。TN-S 系统的特点是，中性线 N 与保护接地线 PE 除在变压器中性点共同接地外，两线不再有任何的电气连接。中性线 N 是带电的，而 PE 线不带电。该接地系统完全具备安全和可靠的基准电位。只要像 TN—C—S 接地系统，采取同样的技术措施，TN—S 系统可以用作智能建筑物的接地系统。如果计算机等电子设备没有特殊的要求时，一般都采用这种接地系统。

在智能建筑里，单相用电设备较多，单相负荷比重较大，三相负荷通常是不平衡的，因此在中性线 N 中带有随机电流。另外，由于大量采用荧光灯照明，其所产生的三次谐波叠加在 N 线上，加大了 N 线上的电流量，如果将 N 线接到设备外壳上，会造成电击或火灾事故；如果在 TN—S 系统中将 N 线与 PE 线连在一起再接到设备外壳上，那么危险更大，凡是接到 PE 线上的设备，外壳均带电；会扩大电击事故的范围；如果将 N 线、PE 线、直流接地线均接在一起除会发生上述的危险外，电子设备将会受到干扰而无法工作。因此智能建筑应设置电子设备的直流接地，交流工作接地，安全保护接地，及普通建筑也应具备的防雷保护接地。此外，由于智能建筑内多设有具有防静电要求的程控交换机房，计算机房，消防及火灾报警监控室，以及大量易受电磁波干扰的精密电子仪器设备，所以在智能楼宇的设计和施工中，还应考虑防静电接地和屏蔽接地的要求。

(二) TN-C-S 系统

TN—C—S 系统由两个接地系统组成，第一部分是 TN—C 系统，第二部分是 TN—S 系统，分界面在 N 线与 PE 线的连接点。该系统一般用在建筑物的供电由区域变电所引来的场所，进户之前采用 TN—C 系统，进户处做重复接地，进户后变成 TN—S 系统。TN—C 系统前面已做分析。TN—S 系统的特点是：中性线 N 与保护接地线 PE 在进户时共同接地后，不能再有任何电气连接。该系统中，中性线 N 常会带电，保护接地线 PE 没有电的来源。PE 线连接的设备外壳及金属构件在系统正常运行时，始终不会带电，因此 TN—S 接地系统明显提高了人及物的安全性。同时只要我们采取接地引线，各自都从接地体一点引出，及选择正确的接地电阻值使电子设备共同获得一个等电位基准点等措施，因此 TN—C—S 系统可以作为智能型建筑物的一种接地系统。

三、电气保护

(一) 交流工作接地

工作接地主要指的是变压器中性点或中性线 (N 线) 接地。N 线必须用铜芯绝缘线。在配电中存在辅助等电位接线端子，等电位接线端子一般均在箱柜内。必须注意，该接线端子不能外露；不能与其他接地系统，如直流接地，屏蔽接地，防静电接地等混接；也不能与 PE 线连接。在高压系统里，采用中性点接地方式可使接地继电保护准确动作并消除单相电弧接地过电压。中性点接地可以防止零序电压偏移，保持三相电压基本平衡，这对于低压系统很有意义，可以方便使用单相电源。

(二) 安全保护接地

安全保护接地就是将电气设备不带电的金属部分与接地体之间作良好的金属连接。即将大楼内的用电设备以及设备附近的一些金属构件，用 PE 线连接起来，但严禁将 PE 线与 N 线连接。

在现代建筑内，要求安全保护接地的设备非常多，有强电设备，弱电设备，以及一些非带电导电设备与构件，均必须采取安全保护接地措施。当没有做安全保护接地的电气设备的绝缘损坏时，其外壳有可能带电。如果人体触及此电气设备的外壳就可能被电击伤或造成生命危险。我们知道：在一个并联电路中，通过每条支路的电流值与电阻的大小成反比，即接地电阻越小，流经人体的电流越小，通常人体电阻要比接地电阻大数百倍经过人体的电流也比流过接地体的电流小数百倍。当接地电阻极小时，流过人体的电流几乎等于零。实际上，由于接地电阻很小，接地短路电流流过时所产生的压降很小，所以设备外壳对大地的电压是不高的。人站在大地上去碰触设备的外壳时，人体所承受的电压很低，不会有危险。加装保护接地装置并且降低它的接地电阻，不仅是保障智能建筑电气系统安全，有效运行的有效措施，也是保障非智能建筑内设备及人身安全的必要手段。

(三) 屏蔽接地与防静电接地

在现代建筑中，屏蔽及其正确接地是防止电磁干扰的最佳保护方法。可将设备外壳与 PE 线连接；导线的屏蔽接地要求屏蔽管路两端与 PE 线可靠连接；室内屏蔽也应多点与 PE 线可靠连接。防静电干扰也很重要。

在洁净、干燥的房间内，人的走步、移动设备，各自摩擦均会产生大量静电。例如，在相对湿度10%—20%的环境中人的走步可以积聚3.5万伏的静电电压、如果没有良好的接地，不仅仅会产生对电子设备的干扰，甚至会将设备芯片击坏。将带静电物体或有可能产生静电的物体 (非绝缘体) 通过导静电体与大地构成电气回路的接地叫防静电接地。防静电接地要求在洁静干燥环境中，所有设备外壳及室内（包括地坪）设施必须均与 PE 线多点可靠连接。智能建筑的接地装置的接地电阻越小越好，独立的防雷保护接地电阻应 $\leqslant 10\Omega$；独立的安全保护接地电阻应 $\leqslant 4\Omega$；独立的交流工作接地电阻应 $\leqslant 4\Omega$；独立的直流工作接地电阻应 $\leqslant 4\Omega$；防静电接地电阻一般要求 $\leqslant 100\Omega$。

（四）直流接地

在一幢智能化楼宇内，包含有大量的计算机，通信设备和带有电脑的大楼自动化设备。在这些电子设备在进行输入信息，传输信息，转换能量，放大信号，逻辑动作，输出信息等一系列过程中都是通过微电位或微电流快速进行，且设备之间常要通过互联网络进行工作。因此为了使其准确性高，稳定性好，除了需有一个稳定的供电电源外，还必须具备一个稳定的基准电位。可采用较大截面的绝缘铜芯线作为引线，一端直接与基准电位连接，另一端供电子设备直流接地。该引线不宜与 PE 线连接，严禁与 N 线连接。

（五）防雷接地

智能化楼宇内有大量的电子设备与布线系统，如通信自动化系统，火灾报警及消防联动控制系统，楼宇自动化系统，保安监控系统，办公自动化系统，闭路电视系统等，以及他们相应的布线系统。这些电子设备及布线系统一般均属于耐压等级低，防干扰要求高，最怕受到雷击的部分。不管是直击，串击，反击都会使电子设备受到不同程度的损坏或严重干扰。因此智能化楼宇的所有功能接地，必须以防雷接地系统为基础，并建立严密，完整的防雷结构。

　　智能建筑多属于一级负荷，应按一级防雷建筑物的保护措施设计，接闪器采用针带组合接闪器，避雷带采用 25×4（mm）镀锌扁钢在屋顶组成 $\leq 10 \times 10$（m）的网格，该网格与屋面金属构件作电气连接，与大楼柱头钢筋作电气连接，引下线利用柱头中钢筋，圈梁钢筋，楼层钢筋与防雷系统连接，外墙面所有金属构件也应与防雷系统连接，柱头钢筋与接地体连接，组成具有多层屏蔽的笼形防雷体系。这样不仅可以有效防止雷击损坏楼内设备，而且还能防止外来的电磁干扰。

参考文献

[1] 李臣昊. 浅析电气自动化的发展现状及未来发展趋势 [J].山东工业技术，2016：266-267.

[2] 诸玫嫣. 浅析电气自动化的发展现状及未来发展趋势 [J].科技前沿，2016：190-191.

[3] 余东仁.试论电气自动化技术应用要点 [J].企业文化（中旬刊），2013(6)：148-149.

[4] 电气自动化技术人才现状与发展趋势 [J]. 变频器世界，2011(7).

[5] 贾刚，张萌. 浅谈电气自动化控制中的人工智能技术 [J].中小企业管理与科技 (下旬刊)，2011(9).

[6] 刘杨. 电力自动化现状及故障分析方法研究 ［J］. 中国电子商务，2012，17.

[7] 吴大鹏. 电气自动化工程控制系统的现状及其发展趋势 ［J］.中国水能及电气化，2016，02：38-40.

[8] 王友富.电气自动化控制的应用及发展趋势研究 ［J］. 低碳世界，2016，08：28-29.

[9] 高存鑫.电气自动化控制系统的设计理念 [J].山东工业技术，2013(13).

[10] 钟浩铭.浅谈电气自动化控制系统的设计 [J].科技创

新与应用，2013(20).

[11] 赖佩坤.论电气自动化控制技术在电力系统中的应用[J].通讯世界，2014(04).

[12] 张鹏.在工业应用PLC可编程控制器原理的作用分析[J].科技展望，2016(02)：462-463.

[13] 王文学.浅谈可编程控制器(PLC)在自动装星微机中的应用[J].科技情报开发与经济，2013(29)：634-635.

[14] 唐雨婷.浅谈可编程控制器PLC的应用问题及发展趋势[J].民营科技，2012(02)：492-493.

[15] 王继文.可编程控制器在称重行业的应用——浅谈PLC在WM系列检重称中的应用[J].经营管理者，2013(02)：673-674.

[16] 皮壮行，宫振鸣，李雪华.可编程序控制器的系统设计与应用实例[J].北京：机械工业出版社，2000.

[17] 袁任光.可编程序控制器(PC)应用技术与实例[M].广州：华南理工大学出版社，2001.

[18] 胡俊达，刘祖润.毕业设计指导(电气类专业适用)[M].北京：机械工业出版社，1996.

[19] 李江全，刘荣，李华，等.西门子S7-200 PLC数据通信及测控应用[M].北京：电子工业出版社，2011.

[20] 乔桂红.数据通信[M].北京：人民邮电出版社，2011.

[21] 谢丽萍，王占富，岂兴明.PLC快速入门与实践[M].北京：人民邮电出版社，2010.

[22] 唐鸿儒，等.现场控制网络技术展望 [J].测控技术，2000，12.

[23] 龚成龙，等.集散控制与现场控制的比较及对 FCS 技术的展望 [J].淮海工学院学报，2000，9.

[24] 谭克勤.电工制造与现场总线 [J].电工技术杂志，2001(11)：32–36.

[25] 蔡忠勇，高涵.现场总线发展概况与 DeviceNet 进入中国 [J].低压电器，2000(2)：59–61.

[26] 蔡方伟.两级计算机通信网络在宝钢三期原料场的应用 [J].工业控制计算机，1999：35–38.

[27] 袁爱进，唐明新，乔毅，等.CAN 现场总线系列仪表一种通用化软件设计技术 [J].计算机工程.2001(04).

[28] 张羽，张爽.浅析电气自动化在电力系统中的应用及发展方向 [J].电气开关，2016(2)：100–101.

[29] 侯凤春.电气自动化的发展趋势以及在电力系统中的应用 [J].企业技术开发，2016(6)：51–53.

[30] 江志军.电气自动化技术在电气工程中的应用探究 [J].中国科技信息，2016(18)：66–67.

[31] 顾长荣.工业电气自动化的应用与发展 [J].建材发展导向（下），2013.